改訂 2 版

絵とき

電気設備の
設計・
施工実務
早わかり

田尻陸夫 ［編］
Kugao Tajiri

Ohmsha

『絵とき 電気設備の設計・施工実務早わかり（改訂2版）』 の発行にあたって

　書名の「電気設備」は、「建築電気設備」と表すのが普通かも知れませんが、「電気設備学会」という名称の学会もあるように、現在では特に「建築」という冠をつけなくても内容は理解されるでしょう。空調、衛生設備も同様で、設備工事を「建築付帯設備」とは表現することはなくなりました。

　しかしながら、建築物の中に施設される設備は、あくまでも建築物とバランスのとれた内容、グレードであるべきですから、電気設備関係者は建築設計者、営業関係者から発注者の要望事項等を確認し、確たるフィロソフィー（理念）を持ち、協調性を以て物事に当たるべきです。

　電気設備の設計施工および維持管理に携わる技術者が、自らの業務がどのような事業の流れの中に存在しているのか、またどのような技術力が要求されているのか、日頃から心得ていなければなりません。電気設備と技術者の全体的な位置付けと本書の構成を、iv～vページの図に表しました。参考までにご覧ください。

　本書の構成は、電気設備について、3つの章に分割して解説しています。

　1章は「建築電気設備の設計」とし、建築物の延べ床面積が10 000m²以下のビルにおける図面の作成と表現を想定しまとめました。

　2章は、基本計画図、設計図および施工図作成の折に必要な「計算方法」を図表でまとめ、特に事例を多く用いて解説しました。

　3章は、実務経験の少ない人の参考となるように、各設備の「施工図例」やなかなか入手しにくい資料などを提供するように努めました。

　建築士、消防設備士のように設計および施工管理をするときに必要な資格制度が設けられていますが、建築設備士はそれと同様に重要な資格です。その資格取得の受験参考書にもなるように考え、編集しています。大いに活用してください。

2020年6月

田尻 陸夫

◆ 建築電気設備実務の流れ

　建築電気設備にかかわる実務は、下図に示すような流れで進む。企画から計画、設計、工事、検査、維持管理ののち、また企画から始まるようなループ構造となっている。実務の流れに対して、本書の各章がどの段階に対応しているかを併せて示す。

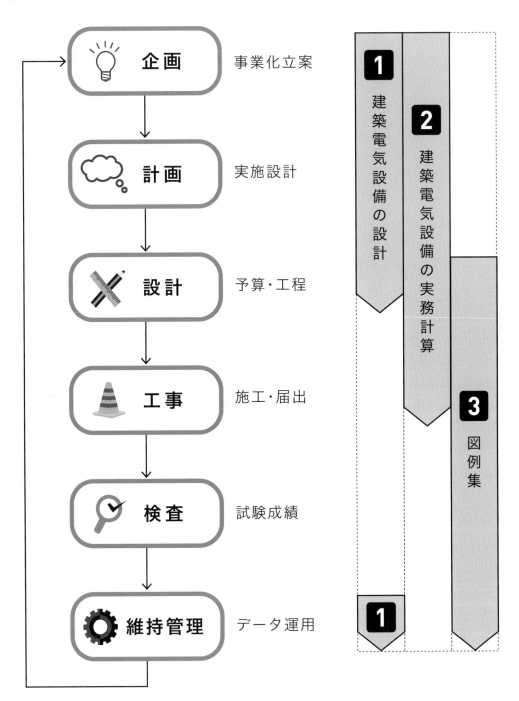

◆ 電気設備技術者の役割

　電気設備に関係する技術者は、設計技術者・工事技術者・維持管理技術者に大別できる。各技術者の担当領域や、技術者間で共有すべき事項について、簡易的に図示する。

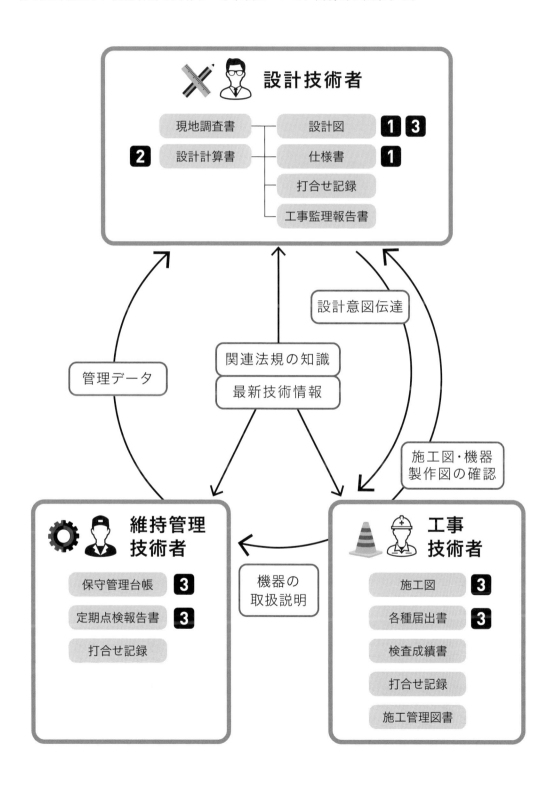

1 建築電気設備の設計

　電気設備の設計は、新築工事や増築工事、改修工事のように建築工事に伴うもののほかに、電気設備のみの改修を行う場合もあるが、本章では新築工事の設計図を中心に述べる。

　まず基本設計図は、基本計画のまとめの段階で作る図面をいい、多くの場合は概算見積や説明用資料として用いられる。一般的に、系統システムおよびゾーニングなどを明らかにし、主要機器の容量、台数を表すものである。

　次のステップが実施設計図の作成である。実施設計図は契約図書や申請図書として用いられるほか、見積、工事の際にも用いられる。

　最近ではCADにより電気設備設計図作成が行われており、CADによる設計図データを工事用に作成する施工図へ転用、活用し、業務の改善、効率化を図っている。基本計画および基本設計・実務設計について、下図にあらましを述べる。

　本書は、初心者向けテキストとして電気設備の初歩的なことから扱うため、細かいところまで言及していない点があるが、設計図に表現しておかなければならない項目については記述するようにした。各自がより深く学習を始めるきっかけとして、本書を活用いただければ幸いである。

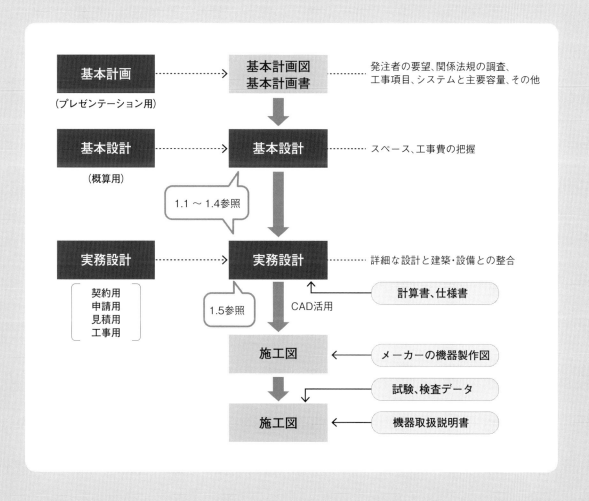

1.1 作図の準備

1 電気設備の設計図

(1) 設計図の種類

図面を製本する際の順序（図面のコード番号化）は見積書の記載順序と合わせることが多い。各会社によって多少差はあるが、おおむね**表1-1-1**の順序としている。

[表1-1-1] 図面リスト

図面の名称		記載すべき内容および特記事項
電気設備概要書	工事概要書 特記仕様書	※ 電気設備の工事項目を示す。工事区分も明記する。 電気設備工事標準仕様書のほかに特に注意すべき事項
	図記号表 その他	※ 設計図の中に出てくる図記号をまとめて記載する。 地図（案内図）、建築主、番地、建物の構造、用途、規模
受変電設備図		平面図・系統図・キュービクル外形寸法図など
発電機・蓄電池設備図		平面図・系統図・機器図など
幹線設備図		平面図・系統図のほかに詳細図を添付することがある。
動力設備図		平面図・系統図・制御盤図 ※ 幹線設備図と共用することがある。
電灯コンセント設備図		平面図・分電盤図
照明器具図		※ 照明器具の姿図の代わりに、記号表にする場合もある。
弱電設備図		平面図・系統図・機器図 ※ 電話、防犯設備などすべて含める。
自動火災報知設備図		平面図・系統図 ※ 消防法により、非常警報設備の場合もある。
避雷設備図		立面図・平面図
運搬機械設備図		エレベータ、エスカレータ設備

※上記の図面に表現できない詳細図、機器詳細図なども必要に応じて作成する。
　例：キュービクルの基礎部分詳細図、発電機室機器詳細図、監視盤・制御盤等の盤類寸法図、シーケンス図、電話交換システム図、住戸・ホテル客室・病室詳細図など

(2) 設計図の作成

設計図の作成にあたって、まずは基本計画を綿密に立てることが重要である。基本計画の内容は、電気設備だけでなく建築計画との整合性も考慮するなど、広い視野から検討されたものでなければならない。基本計画のチェックポイントを**表1-1-2**に示す。

① 工程と必要な図面

提案用、打合せ用、概算見積用、明細見積用、申請用、工事用など、さまざまな種類の図面があるが、最初から全部の図面を作成するのではなく、必要なタイミングで効率よく書き進める。

② 図面の整理

CADデータにより、設計図から施工図、竣工図などへデータが効率的に利用できる。その際は、建築図や空調・衛生設備図との整合性を図るため、データ利用のルールを明確化しておく。

③ 作成年月日、変更年月日の記載

設計図は後から変更することが多い。発行・変更した場合、図中に発行・変更日を明記する。

(3) 基本計画の見直し

表1-1-2のような基本計画のチェックリストを活用して、作図にあたって遺漏はないか確認し、設計の手戻りや不具合が生じないようにする。□の中を✓でチェックする。

[表1-1-2] 基本計画チェックリスト

チェック項目および内容		チェック項目および内容	
① 施主の要望	1. 施主のニーズ・与条件 　□ 依頼内容、現説資料を再確認したか 　□ 建物の使用方法を理解したか 　□ BCP（事業継続計画）などによる、災害時の機能維持対応を確認したか 2. 事業のスケジュール 　□ 工期、工法に合った設備方式か 　□ 設計期間は日程どおりか 　□ 申請提出期日はいつか 　□ 着工・竣工日時は予定どおりか 3. 用途・収容人員 　□ 用途と設備方式が適合しているか 　□ 照明のグレード設定は適当か 　□ エレベータの計画値は適当か 4. 保守管理 　□ 人力と自動化のバランスはよいか 　□ ビル管理・設備システムは自営か委託か、また有人か無人か 　□ 営業時間と時間外運転は何時か 　□ 電気主任技術者は確保されるか 5. 工事項目、別途工事、将来対応 　□ 建物用途に合った工事項目か 　□ 別途工事項目の落ちはないか 　□ 将来計画への対応をしているか 　□ 支給品はないか 　□ 財産・使用・軽量区分は明確か 　□ 損保等の対象物件か 6. テナント貸方条件の設定 　□ 区分とゾーニングが合っているか 　□ 用途と工事区分は明確か 　□ テナント用容量の想定は適当か	③ コスト	1. グレード 　□ 施主の予算を把握したか 　□ コスト計画を行ったか 　□ 意匠・構造・電気・設備相互間のグレード設定は適正か 　□ 施主が希望するメーカーはないか 2. ライフサイクルコスト（LCC） 　□ 将来の設備更新を考慮したか 　□ エネルギー費・管理費は妥当か 3. 引込負担金 　□ 電力・電話の有無
		④ 設計の技術上の確認	1. 立地条件、気象条件、現地調査 　□ 建物周辺、近隣への騒音、電波障害の影響はないか 　□ 低地、標高、寒冷地、積雪、結露対策はしたか 　□ 塩害、雷害、水害対策は不要か 　□ 敷地勾配、既存埋設物、地盤沈下は検討したか 2. 設計主旨 　□ 営業担当者と設計者の意思が一致しているか 　□ セールスポイントは何か 3. 建物形状、配置計画、スペース、階高 　□ 屋外設備と敷地内外状況は明確か 　□ 機械室位置とスペースはよいか 　□ シャフトの位置とスペースはよいか 　□ 階高と天井内のスペースは適当か 　□ 搬出入経路や保守への対応はよいか 4. 省エネルギー 　□ 建築（方位、形状、窓開口）計画を検討したか 　□ 設備（コージェネ、熱源、空調、節水、400V配電、節電）計画を検討したか 5. 建物規模・用途等による特殊性 　□ 危険物、腐食性ガスなどがあるか 　□ 耐震・防振・遮音・消音対策はよいか 　□ 身障者用設備は含まれているか 6. 設備システムの整合性 　□ 電気・衛生・空調設備相互間の関連は適切か 　□ 電源、情報通信、防災システムは最適か 　□ 電気方式、予備電源等は適切か 　□ 床配線の方法は将来対応が可能か 7. 自社の開発した技術を採用したか 8. 光害など社会・環境を配慮したか
② 法規の確認	1. 防災の基本事項 　□ 消防法別表第（　）項（有・無窓）を確認したか 　□ 防火区画、排煙区画と設備の不整合はないか 　□ 中央監視室（有・無）、位置はよいか 2. 関連する法規 　□ 建築基準法、消防法の確認は済んだか 　□ 省エネ法、駐車場法、電波法、航空法などの法適用は受けないか 3. 官庁・供給会社との打合せ事項 　□ 地方条例・指導事項はないか 　□ 消防署・保健所・電力、電話会社（契約種別、配電電圧、電源周波数）等と事前協議はしたか		

2 建築図面の入手と見方

（1）各図面の入手

表1-1-3〜**表1-1-5**に、各種図面リストを示す。すべて入手するのが望ましいが、他の図面も電気設備の設計と並行して作成されていくものであるから、最低必要とされる平面図、断面図および配置図は早期に入手して、各分野の担当者と相談しつつ設計を進める。

① 意匠設計図面

［**表1-1-3**］　意匠設計図面のリスト

図面名称	設計着手時に必要	縮尺
図面リスト		
設計概要書	○	
特記仕様書	○	
室内仕上表	○	
付近見取図	○	原則として1/3 000
敷地図、敷地求積図	○	1/100〜1/1 000
建物求積図、面積表		1/100〜1/1 000
配置図	○	1/100、1/200、1/300、1/500、1/1 000
平面図	○	1/100、（1/200）
立面図	○	1/100、（1/200）
断面図	○	1/100、（1/200）
矩計図	○	1/50、（1/30）、（1/20）
階段詳細図		1/50、（1/30）、（1/20）
平面詳細図		1/50、（1/30）、（1/20）
断面詳細図		1/50、（1/30）、（1/20）
各部詳細図		1/50、（1/30）、（1/20）
展開図	○	1/50、1/100
天井伏図	○	1/100
室内仕上図	○	1/5、（1/10）
部分詳細図	○	1/1、1/2、1/5、1/10、1/20
建具図・表		
外構図（屋外図）	○	1/50、1/100

※（ ）内の縮尺は必要に応じて使用する。

② 構造設計図面

［**表1-1-4**］　構造設計図面のリスト

図面名称	設計着手時に必要	図面名称	設計着手時に必要
図面リスト、構造設計概要（特記仕様書）		基礎梁（はり）リスト	○
杭伏図		柱リスト	○
基礎伏図	○	梁リスト（大梁、小梁、片持梁など）	○
一般階床伏図	○	床スラブリスト、壁リスト、雑リスト	○
屋根伏図、塔屋伏図	○	鉄骨詳細図	
軸組図	○	配筋詳細図	
基礎リスト（杭、耐圧スラブ、土間コンクリートなど）			

　なお、早期に電気設備設計者側から申し入れるべき事項を次に示す。次の内容が構造設計図面に反映されるように、図面ができあがる前にあらかじめ相談しておく。

- ・ 100kg以上の重量物と取付位置
- ・ 基礎（機器据付ベース）の大きさ、機器の重量
- ・ 梁（はり）貫通、床の開口部（電気スペース用）の大きさと位置
- ・ 盤類など壁面に埋め込むものの大きさと位置
- ・ 埋設する電気配管の太さと本数とそのルート
- ・ エレベータのピットの深さとスピードの関係
- ・ 耐震、風圧強度など安全性の確認

③ 設備設計図面

衛生設備、空調設備については、動力設備図、電灯コンセント設備図作成前に各担当者と打合せを行う。これらの図面を作成するうえで、早期に動力負荷（電動機、電熱器、特殊機器）の容量、使用電圧、位置、運転方法などを確認することが重要である。

工事区分を明確にすることも欠かせない。

[表1-1-5] 他の設備（衛生、空調）設計図面のリスト

	図面名称	設計着手時に必要		図面名称	設計着手時に必要
衛生設備設計図面	衛生設備概要書	○	空調設備設計図面	空調設備概要書	○
	特記仕様書	○		特記仕様書	○
	設備機器表	○		設備機器表	○
	衛生設備系統図	○		ダクト系統図（排煙を含む）	○
	衛生設備平面図	○		ダクト平面図（排煙を含む）	○
	消火設備系統図	○		空調設備配管系統図	○
	消火設備平面図	○		空調設備配管平面図	○
	厨房設備図	○		自動制御計装図	○
	衛生設備詳細図			自動制御平面図	○
				空調設備詳細図	

(3) 建築平面図、断面図の見方

① 図面の縮尺

一般的に縮尺1/100を用いる。ただし、住宅の設計図では縮尺1/50、大規模ビルでは縮尺1/200などを用いるケースもある。

② 建築平面図の見方

ⓐ 寸法

平面図は、**図1-1-1**のように寸法を記入する。通り心、壁心の寸法は特に重要である。

ⓑ 構造、仕上げ

鉄筋コンクリート以外の部分の構造、仕上げを図面から読み取る。

ⓒ 扉、窓

建具図、平面図の記号を理解する。

ⓓ 梁（はり）、天井

断面図を理解する。

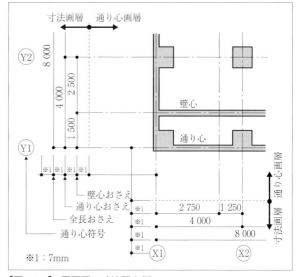

[図1-1-1] 平面図の寸法記入例

3 建築図面の略号と図記号

(1) 建築図面の略号

建築図に用いられる略号、図記号は、JIS、日本建築学会などが定める規格による慣例的な表現方法にならう。**表1-1-6～表1-1-8**は、その代表的なものである。

[**表1-1-6**] 一般建築図の略号

略号	名称	略号	名称	略号	名称
S	縮尺	PH	塔屋	DS	ダクトスペース
GL	地盤面	H、h	高さ	PS	パイプスペース
SL	スラブ面	CH	天井高さ	EPS	電気スペース
FL	基準床面	L、l	長さ	ELV	エレベータ
EL	基準水平面	W、w	幅、荷重	ESC	エスカレータ
B1F	地下1階	D、d	奥行、直径	RD	ルーフドレン
1F	1階	t	トン	Exp.J	エキスパンションジョイント
2F	2階	t	厚さ	WL	水位、水面
M2F	中2階	@	間隔、ピッチ	U	上る（階段、スロープ）
RF	屋上階	φ	直径	D	下る（階段、スロープ）
P1F	塔屋1階	R	半径		
PRF	塔屋屋上	CL	中心線		

[**表1-1-7**] 建具その他部材の略号（主に意匠設計図面用）

略号	名称
SD	鋼製扉
AD	アルミ製扉
TD	強化ガラス製扉
WD	木製扉
SW	鋼製窓
AW	アルミ製窓
SG	鋼製ガラリ
AG	アルミ製ガラリ
Sh	シャッター
Fu	ふすま
P	パーティション（可動間仕切）
AuD	自動扉
SmW	防煙たれ壁
FD	防火ダンパー
SFD	煙感知器連動ダンパー
S	鋼（スチール）
Al	アルミニウム
SUS	ステンレス鋼
PCa	プレキャストコンクリート
ALC	軽量気泡コンクリート

[**表1-1-8**] 構造その他鋼材の略号（主に構造設計図面用）

略号	名称
RC	鉄筋コンクリート
SRC	鉄骨鉄筋コンクリート
S	鋼（スチール）、鉄骨
LGS	軽量鉄骨
W	木
CB	コンクリートブロック
LC	軽量コンクリート
PC	プレストレストコンクリート
WRC	壁式鉄筋コンクリート
SS	一般構造用圧延鋼材
SM	溶接構造用圧延鋼材
SSC	一般構造用軽量形鋼
SUS	ステンレス鋼
SGP	配管用炭素鋼管
SR	鉄筋コンクリート用棒鋼（丸鋼）
SD	鉄筋コンクリート用棒鋼（異形棒鋼）
F	基礎
C	柱
G	大梁　FGは基礎梁
B	小梁
S	スラブ
W	壁

(2) 建具、構造の表現

平面表示（縮尺1/100～1/200の場合に使用）する扉、窓などは、**図1-1-2**のように示す。窓や扉、引き戸などの区別は、スイッチの取付位置を間違えないようにするためにも、明確に示さなければ

ならない。

　柱、壁に電気用配管を埋設する場合は、その構造（コンクリート、ブロック、軽量下地）がわかるよう図示する。

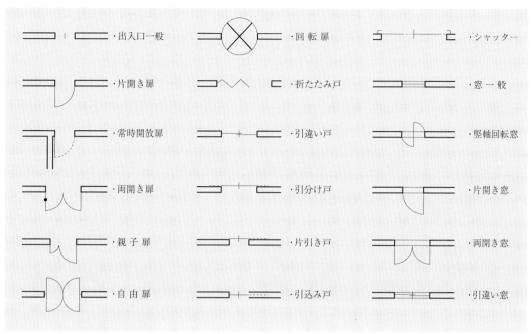

[**図1-1-2**] 平面図用建具の表現

（3）　必要な建築図面

　図1-1-3は、受変電設備室の断面図に、建築用語を記したものである。これらの用語は読み方も難解で、寸法の取り方も複雑である。

　建築図面には、平面図、断面図のほかに矩計図（かなばかりず：各部分の断面寸法、仕上材などを示した断面詳細図）がある。この3種類の図面が揃った時点で電気設備設計図の作成がスタートできるようになる。設計図作成の際には、次に示す事項も考慮する。

① 平面図、断面図、矩計図を用い、電気用配線、機器の納まりなどを検討する。

② 仕上材は、消防法などにより不燃材としなければならない（離隔距離も含む）。

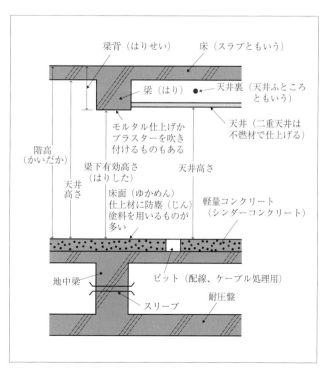

[**図1-1-3**]　受変電設備室（地下の場合）の断面図

4 電気設備用平面図の作り方

　電気設備用平面図は、建築平面図をベースに、CADデータの取り込み・加工によって作成している。以下に注意点を示したので、作成の際に考慮する。

（1）　建築平面図のCADデータから電気設備用平面図を作る場合

　電気設備図として見やすく、理解しやすい図面とするため、不必要な建築情報を省略する作業が必要となる。建設設計者から平面図を入手した後、次の処理を行う。

- ・基本的に、縮尺は1/100のものを使用する（住宅の場合は1/50）。
- ・平面図内の建具表の記号、詳細な寸法は不要。タイル、床の目地も不要である。
- ・入手する図面は、室名および階段の記号（U・D）がないほうがよい。ただし、電気設備図面の仕上げ段階では記入すること。
- ・和室の縁側、フローリングの細かい目地は省略する。
- ・小さい部屋、便所、浴室など室名が電灯の図記号と重なる場合、室名は配線図ができあがってから調整を行う。
- ・平面図内の寸法線、寸法の文字は省略する。ただし、施工図では省略しないので注意する。
- ・通り心（柱の中心を表示する一点鎖線）は省略したほうがよい。ただし、施工図では省略しないので注意する。

　図1-1-4に電気設備用に加工した建築図面の例を示す。図面には空白があり電気設備の書きこみがしやすく、コンクリートとブロックの壁がわかる。

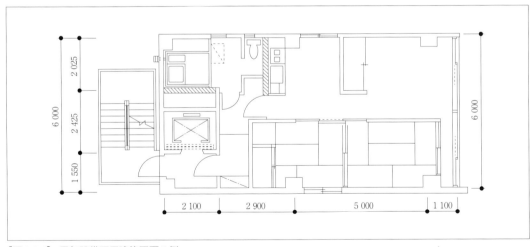

[図1-1-4]　電気設備図用建築図面の例

(2)　1枚の紙面に2つ以上の平面図を書く場合

　電気設備用平面図は建築平面図に合わせたレイアウトとする。**図1-1-5**は、ひとつの例を示したものである。

(3) 方位を考慮した配置の書き方、文字など

① 敷地図、配置図、平面図などは原則として北を上に書く。ただし、建築図面と向きが異なる場合は、建築図面と合わせる。

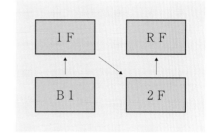

[図1-1-5] 平面図のレイアウト例

② 矩計（かなばかり）図、配筋詳細図などで、用紙を縦向きにして使うときは、原則として建物上部を左側とする。

③ 日本語は漢字・ひらがな、外国語・外来語はカタカナを原則とする。

④ 文章は左横書きを原則とし、文字の大きさはA1用紙で3.0 mmとする。

⑤ 数字、ローマ字はゴシック体で表記を統一する。

⑥ 長さの単位は原則としてmmを用い、面積の単位はm²を用いる。

(4)　電気設備概要書

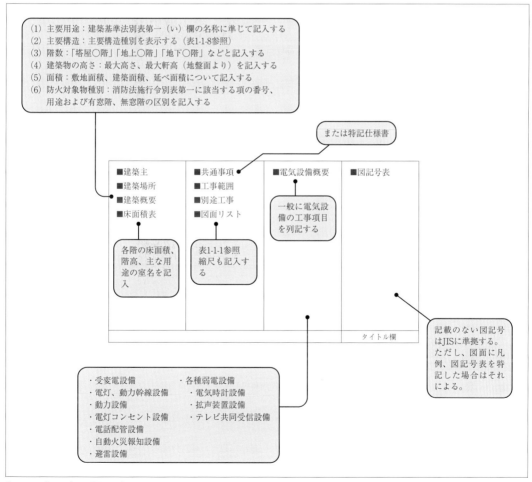

[図1-1-6]　電気設備概要書

5 確認申請に必要な図面

　建築主は工事に着手する前に、その計画が建築基準関係規定に適合するものであることについて、確認申請（建築物）を行い、建築主事または指定確認検査機関の確認を受けて建築確認済証の交付を受けなければならない。電気設備に関しては、建築基準法や消防法等で規定される関連図面を作成し、確認申請図として提出する。建物用途や規模にもよるが、一般的には**表1-1-9**に掲げる設備関係法規と関連する電気設備図（**表1-1-10**）が必要となる。

　法規については、政令指定都市などの主要地方自治体には条例による上乗せ基準も存在するので、関係諸官庁に問い合わせるなどして確認する必要がある。また、建物規模によっては「非常コンセント設備」「無線通信補助設備」「航空障害灯設備」といった消防法で規定されている図面も確認申請に必要となる。さらに、建物用途によっては「危険物の規制に関する政令」によって追加あるいは規制される防災設備もあるので留意する。

[**表1-1-9**]　代表的な設備関連法規

法規名	略称	所管省庁
建築基準法 （同　施行令、施行規則）	建基法	国土交通省
消防法 （同　施行令、施行規則）	消防法	総務省消防庁
建築物における衛生的環境の確保に関する法律 （同　施行令、施行規則）	ビル管理法	厚生労働省
建築物のエネルギー消費性能の向上に関する法律 （同　施行令、施行規則）	建築物省エネ法	国土交通省
住宅の品質確保の促進に関する法律 （同　施行令、施行規則）	品確法	国土交通省
大気汚染防止法 （同　施行令、施行規則）	大気汚染法	環境省

[**表1-1-10**]　確認申請に必要な主な電気設備図

電気設備図面の種類・項目	主な関連法規
電気設備概要書	建基法、消防法
送電系統図	建基法、消防法
発電機設備図	建基法、消防法、大気汚染法
蓄電池設備図	建基法、消防法
中央監視・自動制御設備図	建築物省エネ法
幹線・動力設備図	建基法、消防法、建築物省エネ法
電灯設備図	建築物省エネ法
非常照明・誘導灯設備図	建基法、消防法
非常放送設備図	消防法
自動火災報知・煙感知連動設備図	建基法、消防法
避雷設備図	建基法
運搬機械設備図	建基法、建築物省エネ法

1.2

電力設備1
電灯コンセント設備

1

建築電気設備の設計

1.2

電力設備1 電灯コンセント設備

1 照明の設計手順と規定

(1) 照明設計

図1-2-1に示す手順で照明設計を進める。

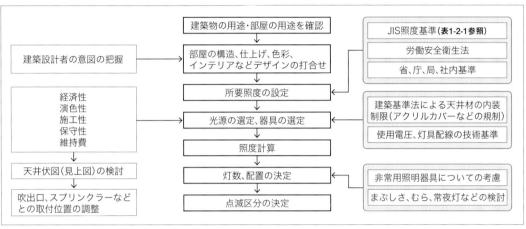

[**図1-2-1**] 照明設計の手順

(2) 照度基準

JISによる照度基準の例を示す。

[**表1-2-1**] JIS照度基準（抜粋）

① JIS Z 9110：2010により、作業領域または活動領域における推奨照度（維持照度等）の基準が定められている。
　※ 維持照度：ある面の平均照度を、使用期間中に下回らないように維持すべき値。
② 照度は一般に床上0.8m（机上視作業）、床上0.4m（座業）、または床もしくは地面のいずれかを基準面と仮定する。
③ 視覚条件が通常と異なる場合には、設計照度の値は、推奨照度の値から少なくとも1段階上下させて設定してもよい。

用途 推奨維持照度[lx]	50	75 100	150 200	300 500	750 1 000	1 500 2 000
事務所			階段	受付、宿直室 食堂、化粧室 エレベータホール	設計（室）、製図（室） 事務室、役員室 玄関ホール（昼間）	
		休憩室、廊下 エレベータ 玄関ホール（夜間） 玄関（車寄せ）	喫茶室、湯沸室 オフィスラウンジ、書庫 更衣室、便所、洗面所 電気室、機械室等	電子計算機室 キーボード操作、計算 集中監視室、制御室 調理室、守衛室 会議室、応接室		
工場 ※a、b、c は精密度による もの	屋内非常階段		荷積み、荷降ろし等	倉庫内の事務	組立b、検査b 試験b、選別b 設計（室）、製図（室）	組立a、検査a 試験a、選別a
		包装c、荷造b・c	包装b、荷造a、制御室 作業を伴う倉庫	組立c、検査c、試験c 選別c、包装a 計器・制御盤等の監視		
	その他は上記に同じ					
学校		車庫	階段	教室、体育館、教職員室 事務室、印刷室、宿直室 食堂、給食室	精密製図、製図室	
	非常階段	倉庫、廊下 渡り廊下、昇降口	講堂、集会室、書庫 ロッカー室、便所 洗面所	電子計算機室 キーボード操作、厨房 図書閲覧（室）、被服室 実験実習室、板書 保健室、研究室 会議室、放送室	精密工作・実験	

※ その他（保健医療施設、商業施設、宿泊施設、公共浴場および美容・理髪店、住宅、運動場、駅舎、公園等）は JIS Z 9110：2010を参照。

(3) 非常用照明の設置基準

代表例を示す。

[表1-2-2] 非常用照明の設置基準

建築物の規模・用途	緩和その他の特例（設けなくてもよいもの）
(1)劇場、映画館、演芸場、公会堂、集会場 (2)病院、ホテル、旅館、下宿、共同住宅、寄宿舎、老人ホーム、児童福祉施設など (3)博物館、美術館、図書館、ボーリング場、スポーツ練習場 (4)百貨店、マーケット、展示場、キャバレー、バー、遊技場、飲食店、物販店（10m²を超えるもの）	(1)一戸建住宅、長屋、共同住宅の住戸 (2)病院の病室、下宿の宿泊室、寄宿舎の寝室 (3)学校、体育館（舞台、観覧席のないもの） (4)床面積が30m²以下の居室で、地上への出口を有するもの (5)床面積が30m²以下の居室で、地上に通ずる部分が次の（イ）または（ロ）に該当するもの （イ）非常用の照明装置が設けられたもの （ロ）採光上有効に直接外気に開放されたもの
階数 ≧ 3 かつ 延べ面積 > 500m²	
採光上有効な面積の合計 < 居室床面積の1/20	
延べ面積 > 1 000m²	
上記の居室から、地上に通ずる廊下、階段などの通路	

※1： 採光上の有効な面積とは、建築基準法施行令第20条によって定められたものをいう。この場合、隣地境界線との距離、ひさしの突出しなどが関係する。学校、病院、寄宿舎、住宅などには採光を確保する基準がある。
※2： 居室とは居住、執務、作業、集会、娯楽などの目的に使用する室、居間、応接間、書斎、売場、作業室、宿直室、会議室、待合室、客席も含まれるが、玄関、階段室、便所、浴室、倉庫、台所は該当しない。
【引用・参考文献】建築基準法施行令第126条の4

(4) 誘導灯の設置基準

代表例を示す。

[表1-2-3] 誘導灯の設置基準

消防法の項目	防火対象物の種類	設置対象	避難口誘導灯		通路誘導灯（室内に設けるもの）		通路誘導灯（廊下に設けるもの）		通路誘導灯（階段に設けるもの）
			1 000m²以上	1 000m²未満	1 000m²以上	1 000m²未満	1 000m²以上	1 000m²未満	
1	(イ)劇場、映画館、演芸場、観覧場 (ロ)公会堂、集会場	○	A1＋B1	C1	A2＋B2	C2	C2	C2	C2
2	(イ)キャバレー (ロ)遊技場 (ハ)性風俗関連 (ニ)カラオケボックス等	○	A1＋B1	C1	A2＋B2	C2	C2	C2	C2
3	(イ)料理店 (ロ)飲食店	○	A1＋B1	C1	A2＋B2	C2	C2	C2	C2
4	百貨店、マーケット、物販店	○	A1＋B1	C1	A2＋B2	C2	C2	C2	C2
5	(イ)旅館、ホテル	○	C1	C1	C2	C2	C2	C2	C2
	(ロ)寄宿舎、共同住宅	地階、無窓階 地上11階以上	C1	C1	C2	C2	C2	C2	C2
6	(イ)病院等 (ロ)福祉施設等 (ハ)助産施設・保育所等 (ニ)幼稚園等	○	C1	C1	C2	C2	C2	C2	C2
7	学校	地階、無窓階 地上11階以上	C1	C1	C2	C2	C2	C2	C2
8	図書館、博物館	地階、無窓階 地上11階以上	C1	C1	C2	C2	C2	C2	C2
15	事務所ビル	地階、無窓階 地上11階以上	C1	C1	C2	C2	C2	C2	C2
16	(イ)雑居ビル（商業ビル）		A1＋B1	C1	A2＋B2	C2	C2	C2	C2
	(ロ)(イ)以外の複合ビル	地階、無窓階 地上11階以上	C1	C1	C2	C2	C2	C2	C2
16の2	地下街	○	A1＋B1	A1＋B1	A2＋B2	A2＋B2	C2	C2	C2

※1： 誘導灯の種別の欄の面積は、それぞれ当該階の床面積である。
※2： ▢は特定防火対象物を示す。防火対象物はその規模等により、非常電源は60分以上にする。
※3： ○印は全館に、「地階」は地階部分だけ、「11階以上」は11階以上の部分、「無窓階」は地上階のうち避難上または、消火活動上有効な開口部を有しない階に設置することを示す。
※4： 表中の記号は以下とする。
A1＋B1：避難口A級、避難口B級・BH型、またはB級・BL型＋点滅式
C1：避難口C級以上（避難の方向を示す矢印を有するものはB級以上）
A2＋B2：通路A級、通路B級・BH型
C2：通路C級以上
【引用・参考文献】消防法施行令第26条、消防法施行規則第28条の3、消防予第408号（平成21年9月30日）

2　光源の種類と特性

(1)　光源の種類

　光源（ランプ）の種類と特徴などを**図1-2-2**に示す。特殊な用途を除き、基本的にはLEDランプを選定する。蛍光灯器具については、経済産業省「新成長戦略」「エネルギー基本計画」により、2020年までに生産終了となっている。

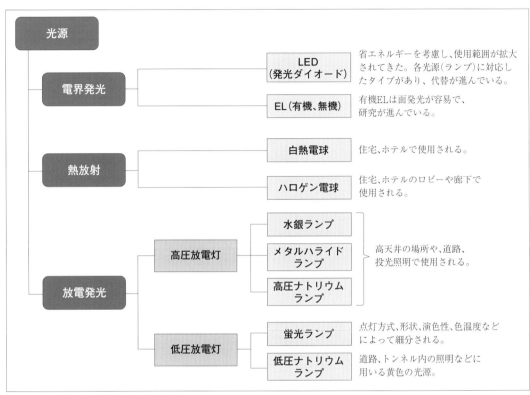

[**図1-2-2**]　屋内照明に用いられている光源の種類

(2)　光源の特性

　表1-2-4に、普及しているLED光源（以下ランプという）の特性（光束、負荷容量、演色性）を示す。このうち、後述する照度計算上、重要なものが光束である。

　光束とはランプから発する光の量をいい、単位はルーメン〔lm〕で表す。

　ランプの選択にあたっては、光束〔lm〕/ワット〔W〕= 効率〔lm/W〕が高いものを選ぶと経済的であり、省エネルギーにもつながる。一般的なLEDランプの定格寿命は40 000時間以上であるが、この寿命とは点灯しなくなるまでの総点灯時間、または全光束が点灯初期に測定した値の70%に下がるまでの総点灯時間の、いずれか短い時間と定義されている。

　図1-2-3に、主なLED照明器具の形状を示す。

[**表1-2-4**] LED照明器具の光束、負荷容量および平均演色評価数

LED照明器具の種類			定格光束（lm）	負荷容量（VA）	従来型ランプ相当	平均演色評価数（Ra）
ベースライト形（埋込形）	LRS3	1500LM-2	1 500	18	20形×2灯	80
		3000LM-2	3 000	30	Hf16形×2灯	
		4700LM	4 700	42	40W形×2灯	
		6300LM	6 300	55	Hf32形×2灯	
	LRS4	4300LM	4 300	42	FHP45形×3灯	80
		6300LM	6 300	59		
ベースライト形（露出形）	LSS1	800LM-2	800	10		80
		1550LM-2	1 550	18		
		2350LM	2 350	22		
		3150LM	3 150	26		
		4900LM	4 900	42	Hf32形（定）×2灯	
		6800LM	6 800	55	Hf32形×2灯	
	LSS6	4750LM	4 750	42	40形×2灯	80
		6600LM	6 600	55	32形×2灯	
ダウンライト形	LRS1	400LM-1	400	10	60W	70
		850LM	850	13	FDL27（100W）	
		1300LM-1	1 300	19	FDL32（150W）	
		1700LM	1 700	24	FDL42（200W）	
		2900LM	2 900	38		
		4400LM	4 400	55		
		6000LM	6 000	71		
		7600LM	7 600	88		
高天井形	LSR1M/W	20000LM	20 000	250	HID400W	70

【転載元・参考文献】国土交通省大臣官房官庁営繕部設備・環境課 監修、一般社団法人 公共建築協会 編集『建築設備設計基準 平成30年版』（一部改変）

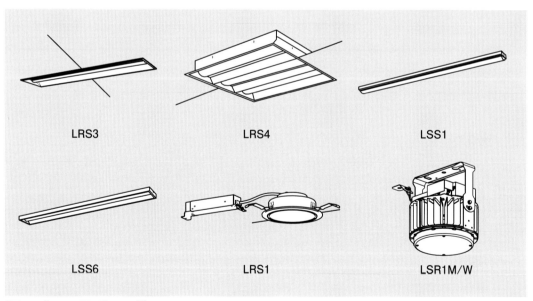

LRS3　　　　LRS4　　　　LSS1

LSS6　　　　LRS1　　　　LSR1M/W

[**図1-2-3**] LED照明器具の形状

3　照明器具の種類

（1）　照明器具・形状の選択

[**表1-2-5**]　照明器具の種類と選択

照明器具	取付方法	器具の形状	用途例
直付形	天井に照明器具を直接取り付ける	逆富士形、カバー付直付灯具などがある	一般事務室、廊下、便所、湯沸室、機械室などに用いられる
埋込形	天井を切り込み、器具の本体を天井内に収める	ダウンライト	ホテルのロビー、廊下などに多い
		カバー付	事務所の役員室、応接室に多い
		下面開放形	事務所に多く用いられている
光り天井	天井一面をアクリルカバー、ルーバーなどで仕上げ、トラフと呼ばれる灯具の単体を配列する	トラフ形	事務所のロビー、玄関ホールなどに用いられる
天井吊り	天井からコードまたはパイプ、チェーンなどで吊り下げる	チェーン吊り、パイプ吊り	天井の高い部屋に用いられる。その他、殺菌灯、シャンデリアも天井吊りに属する
		コード吊り	食堂、和室、喫茶室
ブラケット（壁付灯）	壁面に取り付けるもので、縦付と横付のものがある	カバー付のものがほとんどである	洗面器の鏡上、階段室、喫茶室などの壁面、屋外の建物壁面（屋側）
建築化照明	建築の内装仕上げを利用して間接照明とする	建築化照明用器具のほか、トラフ形（箱形）をそのまま用いる	ロビーの天井、壁面などの凹部に隠ぺいする方法、床の間を明るくするため見返し面に取り付ける方法
システム天井	天井材、空調吹出口、スプリンクラー、煙感知器などと一体化する	埋込下面開放形か、直付形の器具を用いる	事務所その他大規模な建物で、標準化（モジュール）平面の部分

（2）　照明器具姿図の種類

照明器具図面には、**図1-2-4**のような姿図を用いる。

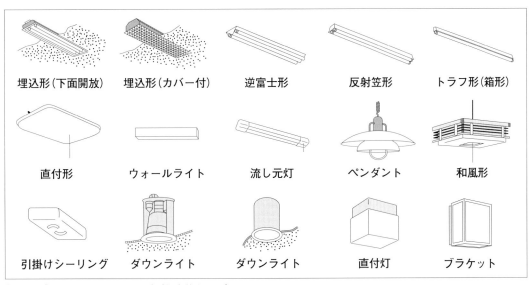

埋込形（下面開放）	埋込形（カバー付）	逆富士形	反射笠形	トラフ形（箱形）
直付形	ウォールライト	流し元灯	ペンダント	和風形
引掛けシーリング	ダウンライト	ダウンライト	直付灯	ブラケット

[**図1-2-4**]　照明器具などの呼び名（代表的なもの）

(3) 照明器具の仕様

図1-2-4の照明器具姿図は設計図に欠かせないが、次の仕様も明記されなければならない。

① 照明器具の電圧〔V：ボルト〕

カタログ値を記述し、電圧に合わせた回路構成を行う。

電圧〔V〕	用途
100～242	一般の電灯（現在の多くの器具）
100	住宅の電灯、小部屋の電灯
200	大型の電灯

② 照明器具の電源の周波数〔Hz：ヘルツ〕

周波数〔Hz〕	地域
50	東日本、北海道
60	西日本、四国、九州、沖縄

(4) 機能形式と器具形式

「⓮照明器具図」の項で示すように、照明器具の仕様は、その取付場所、取付方法によって異なる。したがって、材質についても図中に示すことが望ましい。

(5) ダウンライトの防災型

天井埋込形照明器具の場合、器具の放熱に注意しなければならない。特に天井裏に断熱材を用いたとき、器具を覆って放熱をさまたげるようなことがないようにする。そのような場合には断熱施工形器具を使用する（**図1-2-5**参照）。

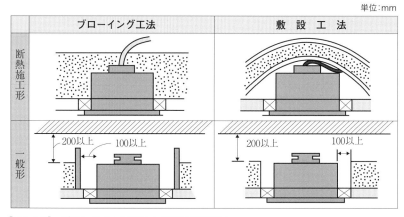

[**図1-2-5**] ダウンライト種別による施工法の違い

(6) 非常用照明器具および誘導灯

① 非常用照明器具

非常用照明器具専用の器具、一般照明器具の形状の非常用照明器具には**図1-2-6**の適合マークが必要。

② 誘導灯

誘導灯専用の器具、階段室の照明器具で非常用照明兼用のものには**図1-2-7**の認定マークが必要。

[**図1-2-6**] 非常用照明の適合マーク

[**図1-2-7**] 誘導灯の認定マーク

4　照度の計算

照度計算は次の手順で計算する。

①	所要平均照度を設定する	JISによる照度基準を確認し、部屋の用途に合わせて所要照度 E 〔lx〕を設定する。
②	照度計算をする部屋の図面を入手する	建築平面図と室内断面図を用意する。このとき、必要な各値は次のように表す。 ・室の面積 A 〔m²〕＝間口 X 〔m〕×奥行 Y 〔m〕 ・天井高さ h 〔m〕 ・作業面から光源までの高さ H 〔m〕 　天井直付または埋込のとき、$H = h - 0.8$
③	器具の形状を確認する	どのようなデザインの器具にするか、相談しておく。
④	室指数 R を求める	窓の間口 X、奥行 Y、および作業面から光源までの距離 H より求める。 $$R = \frac{X \times Y}{H \times (X + Y)}$$
⑤	天井、壁、床の反射率を求める	室内仕上表から天井、壁、床の仕上材（特に反射率を決めるため、色調）を確認して決める。指定や要望等がある場合はそれに従って決める。 （下表参照）

天井、壁面の材質または仕上げ	白ふすま プラスター 白タイル 白ペンキ塗 白壁紙	紙障子 白カーテン 木材（白木） 淡色漆喰 壁淡色ペンキ塗	コンクリート 繊維板（素地） 色ペンキ塗り 木材クリアラッカ塗 淡色壁紙	ガラス窓 色カーテン 土壁 赤レンガ 暗色ペンキ塗 ワニス塗
反射率	70%	50%	30%	10%

⑥	照明率表を入手する	照明器具は、次に示すような照明率表が各メーカーにより発行されている。メーカーによるものを入手できない場合は、一般社団法人 公共建築協会で発行している資料（表下の参考文献）などを参照する。

反射率 （％） 室指数	天井 壁 床	50		反射率 （％） 室指数	天井 壁 床	50	
		50	30			50	30
		10				10	
0.60	J	0.38	0.31	2.00	E	0.71	0.66
0.80	I	0.47	0.40	2.50	D	0.76	0.71
1.00	H	0.54	0.47	3.00	C	0.78	0.75
1.25	G	0.60	0.54	4.00	B	0.83	0.79
1.50	F	0.64	0.58	5.00	A	0.85	0.82

⑦	照明率 U を求める	照明率表から、該当の室指数 R、天井・壁・床の反射率に合致する照明率 U を求める。
⑧	保守率 M を求める	メーカーによるそれぞれの照明器具資料から、保守率 M を求める。

周囲環境	環境条件	主な室の例
良い	じんあいの発生が少なく常に室内の空気が清浄に保たれている場所	設計室、分煙された室
普通	一般に使用される施設、場所	事務室、玄関ホール、待合室
	水蒸気、じんあい、煙などがそれほど多く発生しない場所	電気室、倉庫
悪い	水蒸気、じんあい、煙などを多量に発生する場所	厨房、屋内駐車場

⑨	必要なランプの個数 N を求める	$$N = \frac{E \cdot A}{F \cdot M \cdot U}$$ ランプの光束 F 〔lm〕は表1-2-4より該当のものを選択する。
⑩	照明器具の台数 n を求める	$$n \geq \frac{N}{照明器具1台あたりのランプ数} \cdots (1)$$ 照明器具の台数 n は、(1) 式右辺の値を四捨五入し、かつ次の式を満たすものとする。 $$n = （間口方向の数）×（奥行方向の数）\cdots (2)$$ したがって、たとえば(1)式で n が13以上の場合、間口方向の数を2とすれば、最終的に n の値は14台（＝2×7）となる。
⑪	器具の最大間隔を確認する	器具同士の間隔が一定以上になると、室内の明るさにむらが生じるので注意する。器具ごとのメーカー資料を参照し、最大器具取付間隔以内に収まるよう計画する。
⑫	設計照度を算出する	$$設計照度 E_0 = E \times \frac{（器具1台あたりのランプ数）×n}{N}$$ $$初期照度（竣工時の照度）= \frac{E_0}{M}$$

【転載元・参考文献】上記⑤⑥⑧内の各表は、下記より一部改変して転載。
国土交通省大臣官房官庁営繕部設備・環境課 監修／一般社団法人 公共建築協会 編集『建築設備設計基準 平成30年版』

(1) 配置と配光

ライトバータイプ等の器具の場合は、**図1-2-8**のように、ランプの向きによって配光が異なるので、むらの生じないように照明器具の配置を考える。

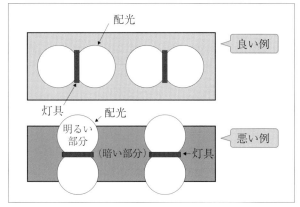

[**図1-2-8**] 配置と配光の関係図

(2) グレア対応の照明

① 照明器具の選択

グレア（まぶしさ）に対応した室内の照明設計では、PC画面などへの天井照明器具の映り込みと、目に入るランプのまぶしさを考慮して、適切なグレア分類の照明器具を選定するとよい（**表1-2-6**参照）。

[**表1-2-6**] グレア分類の内容と輝度規制値

グレア分類	照明器具のグレア分類	各鉛直角における最大輝度		
		65°	75°	85°
V	VDT画面への映り込みを厳しく制限した照明器具	200	200	200
G0	不快グレアを厳しく制限した照明器具	3 000	2 000	2 000
G1a	不快グレアを十分制限した照明器具	7 200	4 600	4 600
G1b	不快グレアをかなり制限した照明器具	15 000	7 300	7 300
G2	不快グレアをやや制限した照明器具	35 000	17 000	17 000
G3	不快グレアを制限しない照明器具	制限なし		

【引用・参考文献】JIS C 8106：2015 一部改変

② 配置と照明

たとえば、**図1-2-9**について、次のようなことを検討する。

・照明器具Aについて、鉛直角Bが60°以上となる方向への輝度を抑える。

・作業面C（キーボード等が置かれる面）の水平面照度を、1 000 lx程度とする。

・作業面C周辺の照度均斉度（平均照度に対する最小照度の比）を、0.8とする。

・PC画面Dの鉛直面照度を、500 lx程度とする。

・パーティション面Eの反射率を、70%程度とする。

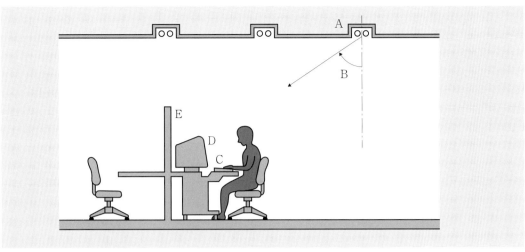

[**図1-2-9**]　PC作業用の照明

(3)　照明器具の配置図の書き方

　照明器具の大きさは、平面図の縮尺に合わせ、天井面の仕上げおよび空調の吹出口、天井裏の他の機器との納まり具合などをチェックする。**図1-2-10**のように12台配置する場合は、図中の細線のように4×3＝12等分し、各マスの中央に1台ずつ配置する。

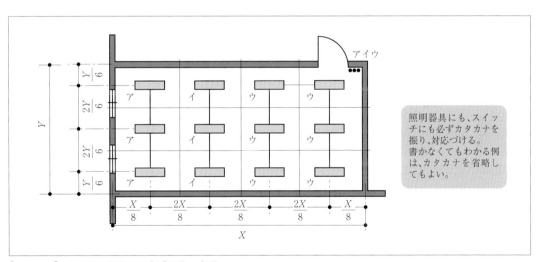

照明器具にも、スイッチにも必ずカタカナを振り、対応づける。
書かなくてもわかる例は、カタカナを省略してもよい。

[**図1-2-10**]　照明器具配置図と点滅区分の表現

(4)　高い天井部分の照明

　アトリウムやホールのような天井の高い場所の照明は、ランプ交換が困難なため、交換時の対応を考えておく必要がある。

　LEDランプにより交換頻度は少なくなったが、交換の際は時間とコストを要する場合もある。対応として、足場を構築して交換を行う、天井裏交換タイプにして建築的に交換ルートを構築するなどの方法がある。

6 スイッチの種類と設計

(1) スイッチの種類

点滅器が正式な用語であるが、ここでは一般に用いられている「スイッチ」で統一する。

[表1-2-7] スイッチの種類

スイッチの種類	用途	付加機能	備考
片切りスイッチ	最も多く用いられている	表示ランプ、タイマー付	明かり付（ほたる付）もある
両切りスイッチ	屋外用の回路	表示ランプ、タイマー付	
3路スイッチ	廊下、階段など2箇所点滅	表示ランプ付	
4路スイッチ	廊下、階段など3箇所点滅	表示ランプ付	
リモコンスイッチ	多くの照明を遠方操作する	多くの電灯を同時に点滅	プログラム調光もある
人感センサー	人感センサー、照明センサー		赤外線感知器形

(2) 3路スイッチ

ある電灯を2箇所のスイッチで点滅するときに用いる。**図1-2-11**のようにすれば、1階または2階のスイッチのどちらでも電灯の点滅ができる。図1-2-11は矢印の向きに電流が流れ、点灯している状態である。1階のスイッチⓐまたは2階のスイッチⓒのいずれかをⓑまたはⓓのように操作すると、電灯が消える。

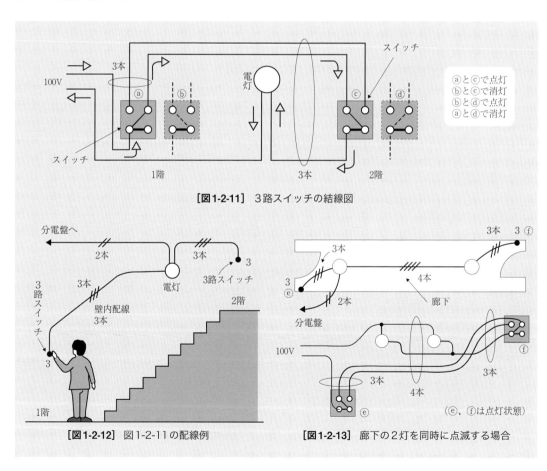

[図1-2-11] 3路スイッチの結線図

[図1-2-12] 図1-2-11の配線例

[図1-2-13] 廊下の2灯を同時に点滅する場合

（3） 4路スイッチ

　ある電灯を3箇所のスイッチのいずれでも点滅できるようにする場合、**図1-2-14**のように4路スイッチと3路スイッチを併用する。3個のいずれかを点線の図のようにすれば消灯できる。

　4箇所で点滅させる場合、左側に右側と対称になるように4路スイッチを増設すればよい。

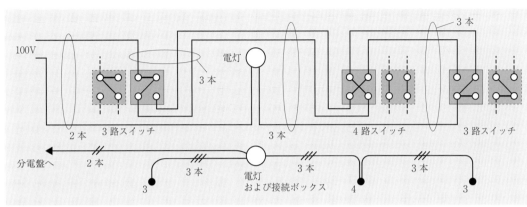

[図1-2-14]　3箇所のいずれかで電灯を点滅する場合

（4）　点滅の区分とスイッチの表示

①　電灯の点滅区分を明確にする。

　複数灯を1個のスイッチにより点滅する場合は**図1-2-15**、複数灯を2個のスイッチにより点滅する場合は**図1-2-16**のように書く。

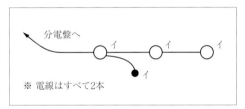

[図1-2-15]　スイッチ1個による点滅例

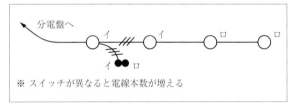

[図1-2-16]　スイッチ2個による点滅例

②　非常用照明の充電用配線を記入する。

　非常用照明兼用の電灯には3本を配線し、1本は充電用の配線とする（**図1-2-17**参照）。

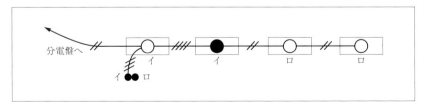

[図1-2-17]　非常用照明兼用灯の点滅例

③　1個のスイッチが受け持つ負荷

　600W以下の電灯負荷の点滅には、10A用スイッチを用いるのがよい。1 000W以上の電灯負荷の点滅は、リモコンリレー付ブレーカー等を用いる。

(5) 取付位置の注意点

① スイッチの適切な取付位置（部屋の内側／外側）は、その部屋の用途によって考慮する。

　　・内側…ふだん人がいる部屋。在室している人が必要に応じて点滅させる。

　　　　　（例）事務室、応接室、会議室、電話交換室、管理人室、宿直室など

　　・外側…ふだん人がいない部屋。入っていくときに点灯して、出るときに消灯する。

　　　　　（例）トイレ、倉庫、ロッカー室、納戸、浴室など

② 扉付近に取り付ける場合は、扉の開き方を調べ、扉の陰に隠れない側に取り付ける。親子扉の場合は、右図のように子扉側に取り付ける。

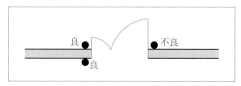

③ 柱に取り付ける場合は、間仕切変更に対応できるように柱心を避けた場所に取り付ける。

④ 出入口が2箇所以上ある場合や階段、廊下、ホールなどのスイッチは、中にいる人の位置関係や動線、警備員の巡回動線などを考慮して位置を決定する。

⑤ 点滅は、エネルギーの節約、経済性を考慮してなるべく細かくグループを分けて行う。また、できるだけ昼光を取り入れるように考慮する。

7 天井配線の方法と表現方法

(1) 天井直付形の配線

① 二重天井（軽量下地）に取り付ける場合

図1-2-18のように、ケーブルは天井裏に配線する。これを「ころがし配線」という。ケーブルの固定には、吊りボルトにビニルバンド（結束バンド）を用いる。

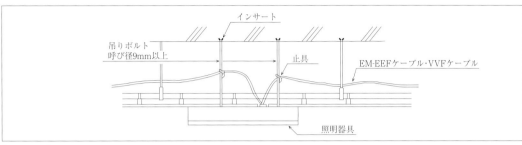

[図1-2-18] 断面図

【引用・参考文献】国土交通省「公共建築設備工事標準図（電気設備工事編）平成31年版」（https://www.mlit.go.jp/common/001282589.pdf）をもとに作成

② コンクリートの仕上面に直接取り付ける場合

照明器具はコンクリート面から落下しないように固定し、電源およびスイッチの配線は下図のように行う。

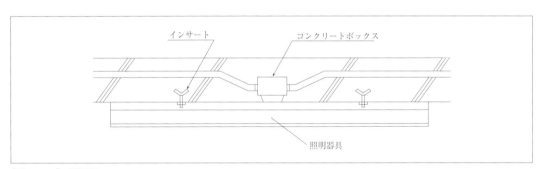

[図1-2-19] 断面図

【引用・参考文献】国土交通省「公共建築設備工事標準図（電気設備工事編）平成31年版」（https://www.mlit.go.jp/common/001282589.pdf）をもとに作成

(2) 天井埋込形の配線

天井埋込形の場合は、図1-2-18と同様の方法で配線する。

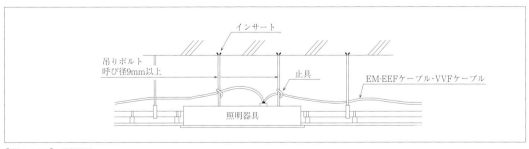

[図1-2-20] 断面図

【引用・参考文献】国土交通省「公共建築設備工事標準図（電気設備工事編）平成31年版」（https://www.mlit.go.jp/common/001282589.pdf）をもとに作成

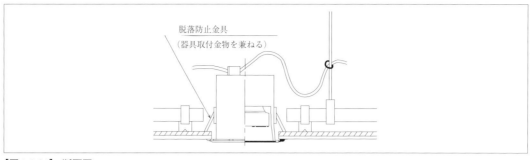

[図1-2-21] 断面図

【引用・参考文献】国土交通省「公共建築設備工事標準図（電気設備工事編）平成31年版」(https://www.mlit.go.jp/common/001282589.pdf) をもとに作成

(3) 照明器具以外の天井配線

スピーカ、火災感知器など、照明器具以外でも、天井に取り付ける器具への配線は **(1)** ①②に準じて行う。

(4) 電線・ケーブルの種類と記号

[表1-2-8] 電線・ケーブルの表現方法

記号	名称	記号	名称
DV	引込用ビニル電線	CV	架橋ポリエチレン絶縁ビニルシースケーブル
IV	600Vビニル絶縁電線	CVT	架橋ポリエチレン絶縁ビニルシースケーブル（トリプレックス）
HIV	600V第二種ビニル絶縁電線（耐熱電線）	CPEV	市内対ポリエチレン絶縁ビニルシースケーブル
VV	VV-R：ビニル絶縁ビニルシースケーブル（丸形）	HP	耐熱ケーブル
	VV-F：ビニル絶縁ビニルシースケーブル（平形）	FP	耐火ケーブル（FP-Cは配管用）
CVV	制御用　ビニル絶縁ビニルシースケーブル		

(5) 電線管の種類と記号

電線管の種類と記号は **表1-2-9** による。＿＿＿のところに配管サイズ（太さ）の呼称を記入する。

[表1-2-9] 配管の表現方法

記号	名称	記号	名称
(＿＿)	鋼製電線管	(PF＿＿)	合成樹脂製可とう管
(VE＿＿)	硬質ビニル電線管	(PE＿＿)	ポリエチレンライニング鋼管
(CD＿＿)	CD管	(FEP＿＿)	波付硬質ポリエチレン管（地中用）

(6) 配線図の表し方

① VVFケーブルまたはビニル電線（IV）の配線は、**表1-2-10** のように表す。

[表1-2-10] 配線図の記号と意味

	一般用配線	アース（接地）線を含む配線
天井ふところ配線 OAフロア内配線	── · ─#─ · ── VV-F 2.0-2C ── · ─#─ · ── VV-F 2.0-3C ── · ─##─ · ── VV-F 2.0-2C×2 ── · ─###─ · ── VV-F 2.0-2C＋3C	── · ─#Ɐ─ · ── VV-F 2.0-3C　ただし、1Cはアース ── · ─##Ⱶ─ · ── VV-F 2.0-2C×2　ただし、1Cはアース ── · ─###Ⱶ─ · ── VV-F 2.0-3C＋2C　ただし、1Cはアース
天井いんぺい配線	── ─#─ ── 2.0×2（PF16） ── ─#─ ── 2.0×3（PF16） ── ─##─ ── 2.0×4（PF22） ── ─###─ ── 2.0×5（PF22）	── ─#Ⱶ─ ── 2.0×2 E2.0（PF16）　Eはアース線 ── ─#Ⱶ─ ── 2.0×3 E2.0（PF22）　Eはアース線 ── ─##Ⱶ─ ── 2.0×4 E2.0（PF22）　Eはアース線
床いんぺい配線	── ─#─ ── 2.0×2（PF16） ── ─#─ ── 2.0×3（PF16） ── ─##─ ── 2.0×4（PF22） ── ─###─ ── 2.0×5（PF22）	── ─#Ⱶ─ ── 2.0×2 E2.0（PF16）　Eはアース線 ── ─#Ⱶ─ ── 2.0×3 E2.0（PF22）　Eはアース線 ── ─##Ⱶ─ ── 2.0×4 E2.0（PF22）　Eはアース線

※ 2.0は電線の導体の太さ（直径）、「-」と「（数字）C」および「×（数字）」はケーブルの心線数および電線本数を示す。また、PFの次の「（数字）」は配管サイズ（太さ）の呼称を示し、CD管の場合もサイズは同じ。

② 　サイズ記入引出線は原則として直角とする。

多くの配線を一本で表す場合、引出線を用いてその内訳を余白に書く。また、◯の中にアルファベットを用いて、系統図との関係を示す。

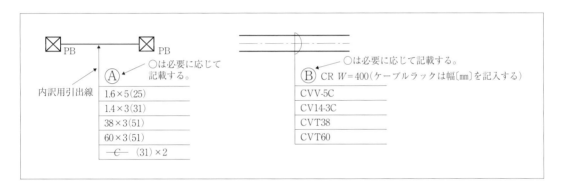

③ 　立上り、引下げの引出線は原則として45°とする。

④ 　電線サイズ（太さ）が5.5mm² 以上の場合、単位記号は書かずに省略する。

⑤ 　配線条数は右肩上り60°とする（アースEは左肩上り60°とする）。

8 非常用照明と誘導灯の配線設計

(1) 非常用照明の配線

① 停電時の予備電源

建築基準法による非常用照明の予備電源は建物の規模により、**図1-2-22**のように選択する。

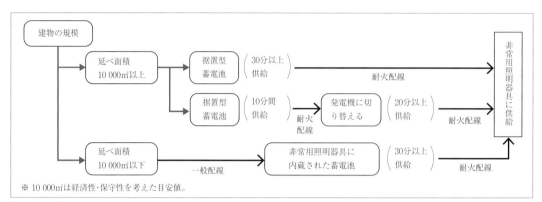

[図1-2-22] 非常用照明の予備電源の選択例

② 非常用照明器具への配線

予備電源（ニッケル水素蓄電池）内蔵のものについて例を示す。

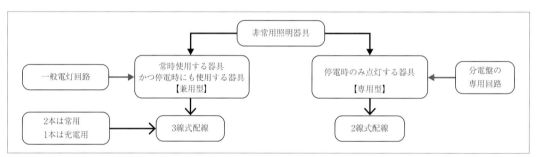

[図1-2-23] 非常用照明の器具による配線例

図1-2-23に示す器具への配線を**図1-2-24**ⓐ、ⓑに示す。図1-2-24のⓐの3本は、退室の際にスイッチを切ったときに停電と同様の点灯放電を防止し、かつ充電用電源を確保するために用いる。

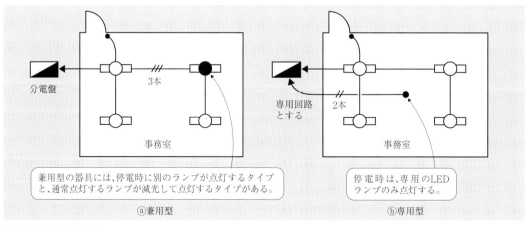

[図1-2-24] 配線図例

(2) 誘導灯の配線

消防法による誘導灯は、図1-2-24のⓑ専用型と同様の方法で配線する。

(3) 非常用照明器具の配置と選定

① 一般照明との兼用器具の場合

停電の際には、内蔵の電池により、通常点灯するランプと別のLEDランプを点灯させる。または通常点灯するランプの光束を減光して点灯させる。なお、LEDランプの場合は、2lx以上を確保できるように配置する。

この場合、照明器具の形状によって光束の配光が異なるので一律にはならないが、各メーカーのカタログには、その配光曲線および照度範囲表が掲載されているので、それを用いる。

表1-2-11に、照度範囲表の基本事項を示す。天井高さに対する数値は例であり、設計時は設置する器具の値を使用する。

[**表1-2-11**] LEDランプが2lxを確保する範囲（参考例）

天井の高さ		2.5m	3.5m	備考	図例
単体配置	A_1	4.2m	4.4m	小さな部屋に1灯配置するとき	図1-2-25
	B_1	3.8m	4.0m		
直線配置	A_2	10.2m	11.0m	廊下などに1列に配置するとき	図1-2-26
	B_2	9.4m	10.0m		
四角配置	A_4	9.0m	9.8m	一つの部屋に2灯以上配置するとき	図1-2-27
	B_4	8.9m	9.5m		

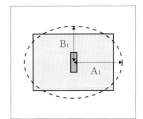

[**図1-2-25**] 単体配置

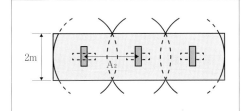

[**図1-2-26**] 直線配置（器具を横向きにしたとき器具間隔はA_2ではなくB_2を用いる）

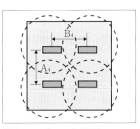

[**図1-2-27**] 四角配置

② 非常用照明専用器具の場合

一般に電球は円形の配光をもつので、A＝Bとしてカタログに掲載されている。なお、LEDランプの場合は2lx以上を確保できるように配置する。

(4) 誘導灯の配置と選定

① 避難口誘導灯・室内通路誘導灯

室内から室外へ避難する際の誘導標識灯。室内の出入口の上部に、緑地に白文字・イラストにより表示し、出口であることを示す。デパートなどでは、遠くから見えるように灯具を天井から吊り下げる。

② 廊下通路誘導灯

廊下に出てきた人に避難口の方向を示す誘導標識灯。床上1.0 m以下のところに設置する。灯具の相互間隔は最大20 m以下にする。

③ 階段通路誘導灯

階段室に設けるもので、建築基準法の非常用照明器具を兼用するものがある。

④ 客席誘導灯

劇場、公会堂、映画館などの客席の足元に設備し、0.2 lx以上の照度が得られるように設置する。

9 コンセントの種類と設計

(1) コンセントの種類と使用目的

表1-2-12にコンセントの設計に必要な事項を示す。

[**表1-2-12**] コンセントの形状と適用分類

種類	設置場所または使用機器	形状	図記号
一般形コンセント	一般の居室、廊下に設置するもの	100V用	⊖2 または ⊕2
100V用接地極付コンセント	電気洗濯機、電気衣類乾燥機、電子レンジ、電気冷蔵庫、電気食器洗い機、エアコン、便座、自動販売機、医療機器に用いるもの、ならびに屋外用、台所用、厨房用、洗面所用として設置するもの	100V用	⊖2E または ⊕2E
200V用接地極付コンセント	電気温水器用、住宅以外に設置する200V用のもの	200V用	⊖250VE または ⊕250VE
抜け止め式コンセント	引掛けシーリング式天井灯、アンプ、タイムレコーダーなど常時接続する機器		⊖T または ⊕T

※1：三相用は省略した。
※2：接地極付コンセントには接地端子を備えることが望ましい。
※3：図記号は一般形のコンセントの場合を示す。ワイド形の場合は上の図の○を◇にし、いずれも壁側を黒く塗る。
　　2は2受け口、Eは接地端子付、Tは抜け止め式（引掛形）コンセントの略。
※4：他に幼児・精神障害者施設用の扉付コンセントがある。
※5：20A用コンセントを用いるときは、電線の太さは2.0mm以上とする。
【引用・参考文献】JEAC8001-2016「内線規程」3202-2〜4〔（一社）日本電気協会発行〕一部改変

(2) コンセントの個数

① 事務所ビル

10m²に1個以上とする。事務所ビルでは、座席レイアウトの変更が多く、コンセントの位置による制約を減らすため、OAフロア（フリーアクセスフロア）が採用されている。コンセントの個数は、分岐回路の設計と同様に竣工後の利便性に影響するとともに、工事費にも関係する。

② 住宅

表1-2-13に住宅のコンセント数の推奨値を示す。200V家電製品用のコンセントを付けない場合でも、200V用分岐回路の設備が将来使用できるようにしておくとよい。

[**表1-2-13**] 住宅のコンセント数

部屋の種類		望ましい個数
部屋の大きさ〔m²〕	5（ 3畳）	2以上
	7（4.5畳）	3以上
	10（ 6畳）	4以上
	13（ 8畳）	5以上
	17（10畳）以上	6以上
台所		6以上

※1：コンセントは2口以上のものが望ましい。
※2：エアコン用は別途に考慮。エアコン1台ごとに専用回路のコンセントを設備する。
※3：接地極付コンセントとする。

（3）　コンセント図面の書き方

コンセントは、分電盤から図のように配線される。コンクリートの壁に多くの配管が集中すると、コンクリートの強度が弱くなるので、その場合は、「ふかし壁」と呼ばれる仕上げ用の壁内に配管またはケーブル配線を布設する。

①　平面図へのプロット

コンセントの図記号を平面図内に記入する。これを「プロットする」という（**図1-2-28**）。

②　配線図の作成

コンセント同士を点線で結ぶ。1つで結んだグループを1分岐回路といい、コンセントは6個以下とするのがよい。**図1-2-29**の矢印 ②、③参照。

③　設計上の注意点

コンセントの位置は書棚、家具の裏側とならない箇所とする。取付高さは使用方法を考えて決定する。

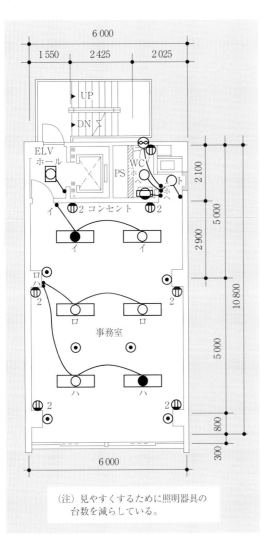

（注）見やすくするために照明器具の
　　　台数を減らしている。

[**図1-2-28**]　事務所のプロット図

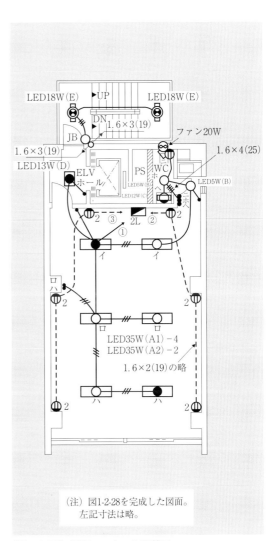

（注）図1-2-28を完成した図面。
　　　左記寸法は略。

[**図1-2-29**]　電灯コンセント配線図

10 電灯コンセント設備の図記号

(1) 電灯コンセント設備の図記号

電灯、コンセント配線に用いられる図記号は、JIS C 0303により定められており、**表1-2-14**、**表1-2-15**、**表1-2-16**に示すものがある。

[表1-2-14] 配線設備共通の図記号

図記号	名称	備考
⊠	プルボックス	大きさは縮尺に合わせる。「PB」と併記する。
⊘	ジョイントボックス	VV-Fケーブル配線のジョイントを行うもの。その他は□。
————	天井いんぺい配線	——///— は電線本数3本を示す。
— — — — —	床配管配線	
- - - - - - - -	露出配管配線	- -///- -₁.₆₍₁₉₎ の (19) はパイプのサイズを示す。
◢	分電盤	分電盤は壁側を塗る。
♂ ♀	立上り引下げ配管配線	
—⊂—	予備配管	
⏚	接地極	接地種別を記入する。

[表1-2-15] 電灯の図記号

図記号	名称	備考
○	一般用照明	特記がない場合は天井付のものを示す。
—○—	一般用照明 (直管形)	特記がない場合は天井付のものを示す。
◑	照明器具・壁付	壁側を塗る。
●	非常用照明	建築基準法による。
—●—	非常用照明 (直管形)	建築基準法による。
⊗	誘導灯	消防法による。通路誘導灯は→矢印を記入する。
⊗	屋外灯	

※ 照明器具の形状、および点滅区分の記号を付けること

[表1-2-16] コンセント、スイッチなどの図記号

図記号	名称	備考
⊟	コンセント (壁付)	⦂ でもよい。壁側を塗る。2口のときは2を傍記。⦿ (床面取付)。
⊟₃ₚ	コンセント (3極)	3極のとき3Pとする。防雨形のものはWPと傍記。
⊟ₑ	コンセント (接地極付)	抜け止め形はLK、引掛け形はTと傍記。
⊞	非常コンセント	消防法による1 000㎡以上の地階、11階以上用。
●	スイッチ	15A以外は定格電流を傍記。
●₃	スイッチ (3路)	3路 (2箇所点滅)、4路 (3箇所以上点滅) は4を傍記。
⚡ₚ	調光器	定格を示す場合は傍記。
●ₑ	スイッチ (点滅器)	Lはランプ付、Aは自動点滅器、WPは防水形を示す。
⊗	リモコンセレクタスイッチ	点滅回路数が記載される。
⊖	換気扇	⋈ (天井付)。

（2）　電灯コンセント設備以外の図記号

　表1-2-14に示す図記号のほかに、弱電設備（情報通信設備）に対する図記号は、「1.4　情報通信設備　**2**電話配管図、**3**その他の弱電設備図、**4**弱電設備系統図」の項に、それぞれ代表的なものを抜粋して表している。動力設備については、「1.3　電力設備2　**1**動力配線図」の項に代表的なものを記している。より詳しく知りたい場合は、JIS C 0301を参照するとよい。

（3）　電気配線図の図記号化

　JISの図記号をもとにして、**図1-2-30**のような設備を配線図に表すと**図1-2-31**になる。このように、電気設備の設計図は、電気設備の機器設置状態と配線状態を平面図に表すところから始まる。

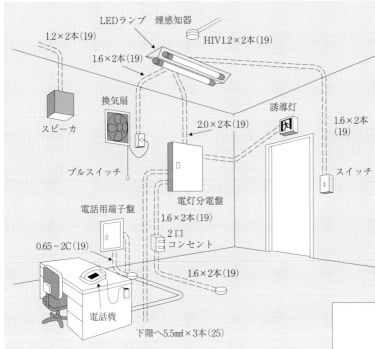

[**図1-2-30**]　電気設備の設置および配線の様子

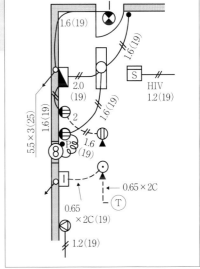

[**図1-2-31**]　電気設備配線図

11 電灯コンセント用分岐回路の設計

(1) 屋内配線の方法

分電盤から照明器具、スイッチ、コンセントまたは大型電気機器に直接接続する配線を分岐回路という。建物内の配線を屋内配線といい、**図1-2-32**のような方法で行う。

参考として、屋外の配線のうち建物、塀に沿わせるものを屋側配線、地中にケーブルを埋設するものを、地中埋設配線という。

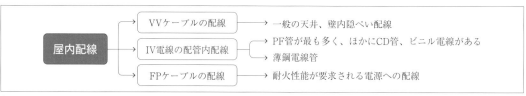

[図1-2-32] 代表的な屋内配線の方法

(2) 屋内分岐回路

屋内配線の設計において、漏電、過熱などによる感電や火災の防止も考慮しなければならない。対策として、次に示すような方法で分岐回路を設計する。

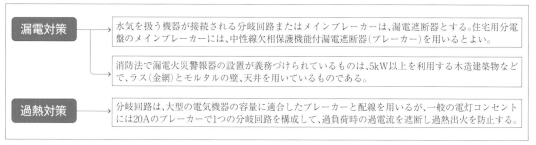

[図1-2-33] 屋内分岐回路

(3) 分岐回路

① 内線規程(3605節)による容量

ブレーカーの定格電流〔A〕の80％以下の値で負荷容量を決める。20Aのブレーカーの場合、その80％は16Aであるから、100V回路では$100〔V〕×16〔A〕＝1\,600〔W〕$以下としなければならない。200V回路ならば1分岐回路は$200〔V〕×16〔A〕＝3\,200〔W〕$までとなる。

② 分岐回路の配線

ⓐ 電線の太さ

IV電線、VVケーブル、FPケーブルの場合、いずれも電線の太さ(電線の銅線部分の直径)は1.6mm以上とする。ただし、ひとつの分岐回路の長さが20mを超える場合は、分電盤から最初の器具(コンセントも含む)までは、2.0mm以上の太さとする。

ⓑ 専用回路

エアコン、電子レンジなど容量が1kWに上るものや重要な負荷は、専用の分岐回路とする。

③ 内線規程(3605節)による回路数の目安

標準負荷は建物用途によって異なる。下式は事務所ビルの場合を示す。

（標準負荷30〔VA/m²〕×分電盤受持面積〔m²〕）÷1 500〔VA〕≦分岐回路数（予備含まず）

④　分岐回路の容量算定

HID照明などがある場合の分岐回路の容量算定は、始動時の入力電流による最大値とする。

(4)　分岐回路の容量の算出方法

図1-2-29の①、②、③の回路を例に計算する。この場合、100V回路で1 600VA以下かどうかをチェックする。

①の負荷はLED35W-6、LED13W、LED5W-2、LED12W、ファン1台である。各器具の消費電力に対する入力値はメーカーのデータを用い、本例ではそれぞれ40VA、15VA、10VA、20VA、ファンはコンセント負荷として150VAとする。よって、40×6＝240VA、15VA、10VA×2＝20VA、20VA、150VAを合計すると、445〔VA〕＜1 600〔VA〕でOK。

②の負荷、③の負荷はコンセントが3個なので150〔VA〕×3＝450〔VA〕＜1 600〔VA〕でOK。

以上の合計が、分電盤（2L）の実負荷容量1 345VAである（**図1-2-34**参照）。

(5)　分電盤の結線

①　分電盤の結線と予備回路

各回路の負荷容量の算出だけでなく、竣工後、負荷が増えたときに直ちに配線工事ができるように予備回路を設けておくことも必要である。図1-2-34は、図1-2-29の分電盤の内容を示す結線図であり、予備回路は少なくとも20〜30％用意しておく。

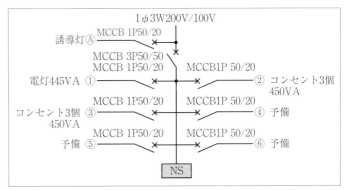

[図1-2-34]　分電盤2Lの結線図例

②　MCCB（配線用遮断器）と定格

分電盤の配線用遮断器は、主開閉器用は3P（3極）とし、分岐回路用については、100Vの場合は1P（単極）、200Vの場合は2P（2極）のMCCBとする。3Pまたは2PのELB（漏電遮断器）を用いる場合もある。図1-2-34に示すように、分岐回路は、50AF（アンペアフレーム）の定格のものとし、20AT（アンペアトリップ）遮断電流のものを用いる。主開閉器用は予備回路の負荷を想定した余裕をもった容量のフレーム、トリップとする。図面では50/20と簡単に表現する。

③　主遮断器の容量の求め方

分電盤の実負荷（図1-2-34の場合1 345VA）と予備回路の数に、事務所の1分岐回路の容量を1 000VAで見込み、これを乗じたものの和を求める。1 345＋（3×1 000）＝4 345〔VA〕となる。

単相3線式の場合、200Vで除すると、21.75Aが最大想定電流となるが、安全性を考慮し6〔回路〕×1 000〔VA/回路〕より6 000VAとし、最大30Aと考え、MCCBは3P 50/30とするか、さらに余裕をもって3P 50/50を選定するとよい。

④　誘導灯回路

誘導灯は消防法に基づく設置が行われる。常に誘導灯回路に電源供給が行われるよう、主幹開閉器の一次側から分岐する。

12 電灯コンセント配線図

（1） 平面図への器具配置の記入

実際の記入例については、**図1-2-35**を参照する。

① 電灯の配置

照度計算や意匠デザイナーの要望により照明器具の配置が決まったら、平面図にプロットする。

その際に、天井内の空調機器、梁（はり）などと照明器具がぶつかることのないように打合せを行っておく。

照明器具の記号、室名に関して、平面図の該当箇所に記入するとわかりにくい場合は、図を参考に、該当箇所の近くに書きこむ。

② スイッチ

「**6** スイッチの種類と設計」の項を参考にスイッチの位置、個数を決定する。

③ コンセント

小規模な事務所ビルなどの場合、設計では電灯とコンセントを同一平面図に書く。ただし、研究室、実験室のようにコンセントが多い場合や縮尺が1/20といった場合は、別々の平面図に書くのがよい。

コンセントの設計では、家具の裏側にならないよう注意し、取付高さは使用方法を想定したうえで決定する。

④ 配線

ⓐ 電灯の配線図は、分電盤の1分岐回路ごとに線で結び、分電盤へ矢印を持って分岐回路の番号を付けて表示する。

ⓑ スイッチは、点滅区分がわかるように電灯とスイッチの両方に同じ記号をふる。英字、数字以外の片仮名（アイウエオ……、イロハニ……、など）を用いるとよい。

ⓒ 電気設備の図面で最も紛らわしいのが、電灯コンセント配線図と動力の監視制御用の配線図である。とくに3路スイッチ（図1-2-11～図1-2-13）を用いる部分はわかりにくい。また、配線図の中に電線、ケーブルの本数を記入すると読み取りにくいので、表1-2-10を余白に記載し、簡素化する。

ⓓ 図 例

記載例を**図1-2-36**に示す。

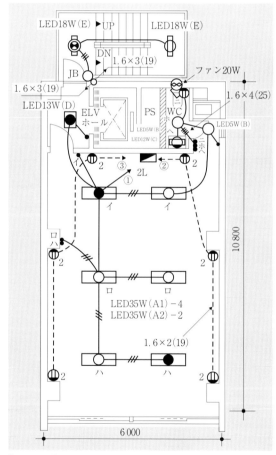

［図1-2-35］ 電灯コンセント配線図

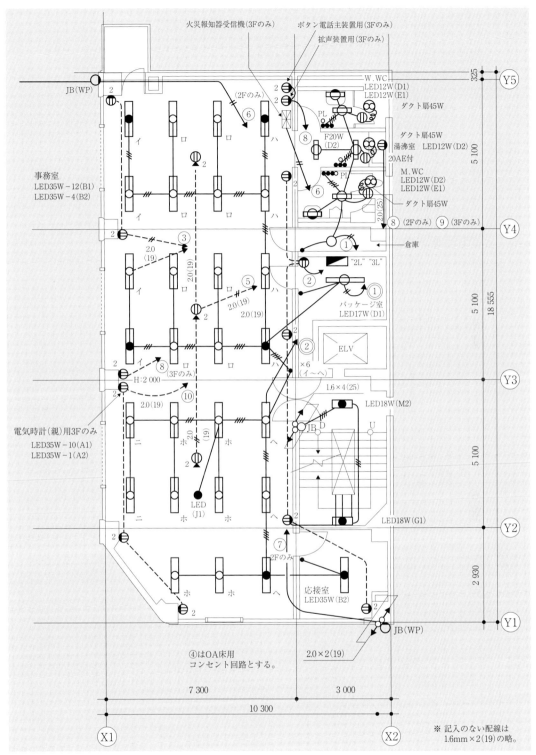

[図1-2-36]　2、3階平面図

(1) 分電盤の位置

分岐回路を保護する配線用遮断器（MCCBまたはMCBという）を複数個収納するものを分電盤という。分電盤は一般住宅にも必ず1面は設備されている。ビルの場合は、各階に1面以上設備したほうが、保守性、安全性、将来性の点でも優れている。

位置の選定条件は次のとおりである。

① 受持区域の中央に設置する。配線の増改修がしやすく、かつ経済的である。

② 配線が集中し壁まわりの配線が増えるのでEPS（電気シャフト）またはその付近に設置する。

③ 点検に便利で、かつ配線系統の事故時にすぐに分電盤の扉が開けられる場所に設置する。

(2) 分電盤回路の表し方

分電盤回路の表し方には、**図1-2-37**、**図1-2-38**、**表1-2-17**がある。分電盤が多くない場合は、図のほうが一見してわかりやすいが、表形式に慣れていれば作成という観点からも表形式のほうが簡単である。

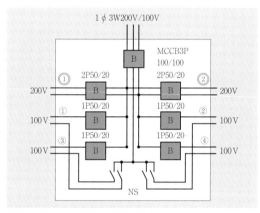

[**図1-2-37**] 分電盤の複線結線図

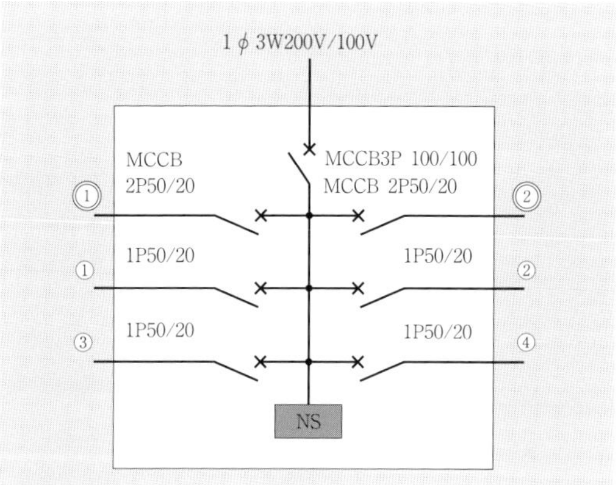

[**図1-2-38**] 分電盤の単線結線図

[**表1-2-17**] 表形式での分電盤回路の表し方

主幹		分岐回路		
MCCB等		回路	MCCB等	
P	AF/AT		P	AF/AT
3	100/100※	①	2	50/20
		②	2	50/20
		①	1	50/20
		②	1	50/20
		③	1	50/20
		④	1	50/20

※ ELCBとするときは、その旨を明記する。

[**表1-2-18**] 分電盤類の記号の例

名称	記号	名称	記号
動力制御盤	P	中間配線盤	IDF
自動制御盤	CP	TV機器収納盤	TV
電灯分電盤	L	弱電端子盤　（制御用）	CT
電灯動力盤	LP	（インターホン用）	IT
調光分電盤	CL	（火報用）	FT
リモコン盤	RL	（総合用）	T
警報盤	AP	防災設備端子盤	PT
引込開閉器盤	MS	防犯盤	SA
WHM盤	WH	ガス漏れ警報盤	GA
手元開閉器盤	S	自火報受信機	MFA
ELV制御盤	EVP	自火報発信機	FA
エスカレータ制御盤	ESP	煙感連動制御盤（煙感知器用）	DA
駐車場機械制御盤	PKP	複合盤	MA
駐車場管制制御盤	PKC	防災盤	PA
電話用端子盤	TT	住宅情報盤	HA
主配線盤	MDF		

(3) 分電盤類の記号

電灯分電盤の記号はLとする。その他分電盤類の記号は、**表1-2-18**を参照する。

(4) 分電盤の表現

図1-2-37、図1-2-38は作図に手間がかかるが、わかりやすいため、分電盤の面数が少ないときや種類が少ないときは、作図で表すとよい。CAD化などにより分電盤図を標準化する場合は、**表1-2-19**のような方法で表現する。

回路の◎は1φ200V、○は1φ100Vを示し、◯はコンセント回路を示す。そのほかに、「分電盤は錠が必要／不要」「指定の塗装色とする／しない」「また把手(ハンドル)は埋込型とする」など、必要に応じて備考欄に書く。

照明点滅をリモコンスイッチ方式とする場合は、リモコントランスやリレー制御用T/Uの仕様と個数を各盤ごとに記述する。

[表1-2-19] 分電盤一覧表

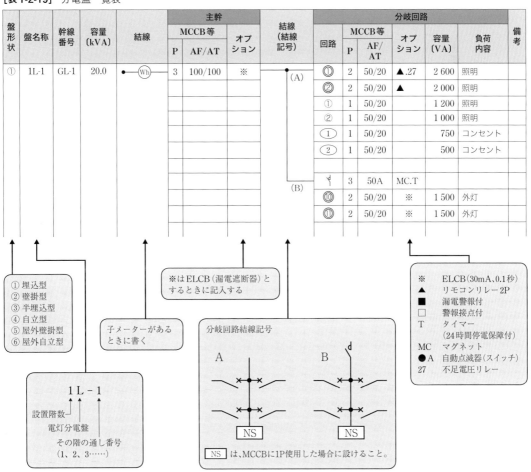

① 埋込型
② 壁掛型
③ 半埋込型
④ 自立型
⑤ 屋外壁掛型
⑥ 屋外自立型

子メーターがあるときに書く

※はELCB(漏電遮断器)とするときに記入する

分岐回路結線記号

A　B

NS　NS

NS は、MCCBに1P使用した場合に設けること。

※　ELCB(30mA、0.1秒)
▲　リモコンリレー2P
■　漏電警報付
□　警報接点付
T　タイマー
　　(24時間停電保障付)
MC　マグネット
●A　自動点滅器(スイッチ)
27　不足電圧リレー

1 L - 1
設置階数
電灯分電盤
その階の通し番号
(1、2、3……)

(1) 照明器具図

照明器具の形状は、誰にでも理解できるものにするため、姿図を用いて表現する（**図1-2-39**）。メーカーより照明器具図用の姿図データが発行されているので、活用するとよい。

[**表1-2-20**] 照明器具図表

一般照明				非常用照明・誘導灯		照明器具仕様
A	B	C	D	X	Y	■ 照明器具記号の凡例 ■ ランプの種類 ■ 器具の仕上げ材料 ■ 特記事項 　　ランプ電圧 　　ランプ種類 　　安定器 ■ 注記
E	F	G	H	Z		
I	J	K	L			
M	N	O	P			
Q	R	S	T			
U	V	W				

照明器具の種類が多い場合は、**表1-2-20**のような決められたフォーマットの中に図、記号（図1-2-39参照）を入れる。その場合、照明器具の仕様は、**表1-2-21**、**図1-2-40**のように、アルファベットと数字を用いて表現する。国土交通省では、照明器具の形状に対する記号（公共施設型番）を定めることにより、メーカーが違う場合における管轄建物の国内での統一化を図っており、メーカーもその記号を用いた商品化を行っている。

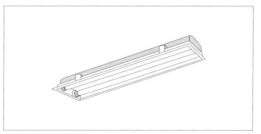

[**図1-2-39**] 照明器具の姿図

(2) 照明器具の仕様

照明器具の仕様の詳細は、姿図には直接記入せず、図1-2-40のような共通の表記ルールを決め、それに従って記入すると便利である。一般に、設計の時点では照明器具のメーカーが決定していないので、器具の仕様は表1-2-21、図1-2-40のように表現する。

表1-2-21のような該当欄を黒く塗りつぶす方法は、必ず目を通すことにより、記入漏れを防ぐことができる。また、力率について、高力率・低力率の別を記載したいときは、注記欄に書くか、共通仕様書などに記載する。

[表1-2-21] 特記事項（●印は適用する）

項目		LED	蛍光灯		HID灯	備考
			40W未満	40W以上		
ランプ電圧	100V	○	●	○	○	
	110V	●	○	○	○	
	200V			●	●	
ランプ	白色		●	●		
	省電力型			○		
安定器	グロースタート		●	○		
	ラビットスタート			●		

※1：非常用照明、誘導灯は認定品を使用する。
※2：材質、仕上げは特記のない場合メーカーの標準品とする。
※3：姿図に記入された型番は同等品を示す。
※4：寸法、色などの指定があるものは図中に示す。

■器具記号の見方

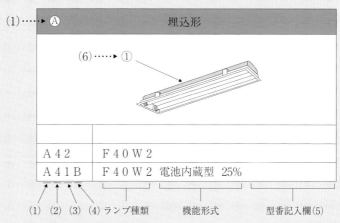

(1)……▶Ⓐ　　埋込形

(6)……▶①

| A42 | F40W2 | |
| A41B | F40W2 | 電池内蔵型　25% |

(1) (2) (3) (4) ランプ種類　　機能形式　　型番記入欄(5)

(1)器具形式……Ⓐ英字(A～Z、a～z)を用いる
(2)ランプW数……(FL40 W→4、60W→6)とする
(3)ランプ本数……必要な場合は1、2などを記入する
　　LED、ダウンライトの場合は省略する
(4)機能形式
　　B：非常照明(電池内蔵形)
　　D：非常照明(電池別置形)
　　V：VDT対応器具(クラスⅠ、クラスⅡを特記)

F：防食形
L：調光用安定器
S：安定器別置
E：防爆形
P：パイプ吊り
G：ガード付
H：ウォールウォッシャ
(5)型番記入欄
(6)器具の仕上げ材料……下記の①～⑪数字

■ランプの種類

● LED　　　　　　　LED
● 蛍光灯　　　　　　F　：　直管形　　　FC　：　環形
　　　　　　　　　　FDL：　ブリッジ形(4本管)　　　　FPL：　ブリッジ形(2本管)
● 水銀灯　　　　　　H　：　クリア　　　HF　：　フロスト
● メタルハライド灯　M　：　クリア　　　MF　：　フロスト　　HQI：　コンパクト
● 高圧ナトリウム灯　N　：　クリア　　　NF　：　フロスト

■器具の仕上げ材料

①銅製　　　　④木製　　　　　　⑦アクリル(和紙風)　⑩ガラス(透明)
②アルミ製　　⑤アクリル(乳白)　⑧和紙　　　　　　　⑪ガラス(乳白)
③ステンレス製　⑥アクリル(プリズム)　⑨ポリカーボネイト(乳白)

[図1-2-40]　照明器具仕様

1 動力配線図

(1) 配線の設計

① 配管配線

- 制御盤から電動機までの配線は内線規程3705-1表による（エレベータ・インバータ負荷等は除く）（**表1-3-2**）。
- コンクリート打込み部の配管は薄鋼電線管、CD管、PF管などを用いる（表1-3-2右欄）。
- 電線は600Vビニル絶縁電線とする。D種接地工事用接地線を忘れないこと。
- 電動機の端子部への接続例は**図1-3-1**による。
- 制御用および警報用配線（60V以下）は電灯コンセント配線の例に準じる。

② ケーブル配線

- 制御盤から電動機までの配線は内線規程3705-1表による（エレベータは除く）。
- ケーブルは600V CVケーブルまたはVVFケーブルなどを用いる。
- ケーブルが損傷を受けるおそれがある場所は電線管で保護する。
- 電動機の端子部への接続は図1-3-1による。
- 制御用および警報用配線は600V CVV（制御用クロロプレンシースケーブル）などを用いる。
- 600V CVケーブルは4心を用いて1心を接地線用としてもよい。

(2) 防災用配線の設計

① 耐火ケーブル配線

- 電線の太さは内線規程の3705-1表の規定より太くする。表1-3-2で通常の電線より1ランク太い電線（「耐火ケーブルの太さ」列）を選べばよい。
- 電源（200V）用ケーブルは耐火ケーブル（FPケーブル）を用いる。配管を用いる場合はFP-Cケーブルとし、薄鋼電線管による保護が望ましい。

② 耐熱ケーブル配線

制御用および警報用配線の部分は耐熱ケーブル（HPケーブル）を用いるとよい。

(3) 配線図作成に必要な図記号

[**表1-3-1**] 動力配線用図記号

図記号	名称
Ⓜ	電動機（モータ）
Ⓗ	電熱器（ヒータ）
◣◢	制御盤
⊙P	圧力スイッチ（フロートスイッチはF）
⊙ LF 4	フロートレススイッチ（4は電極棒4本を示す）

[**表1-3-2**] 電線および耐火ケーブルの太さ選定表

電動機の容量	電線の太さ	耐火ケーブルの太さ	接地線の太さ	薄鋼（厚鋼）電線管
2.2kW以下	1.6mm × 3	—	2.0mm	25（22）
3.7kW	2.0mm × 3	$5.5mm^2 × 3$	2.0mm	25（22）
5.5kW	$5.5mm^2 × 3$	$8mm^2 × 3$	$5.5mm^2$	25（22）
7.5kW	$14mm^2 × 3$	$14mm^2 × 3$	$8mm^2$	31（28）
11kW	$14mm^2 × 3$	$22mm^2 × 3$	$8mm^2$	31（28）

【引用・参考文献】JEAC8001-2016「内線規程」3705-1表
〔（一社）日本電気協会発行〕一部改変

（4）　配管配線の表現方法

図1-3-1は動力設備のうちの弱電設備の配線図である。図中RP-1は動力制御盤で、二次側の配線は実線または点線とし、内訳（電線の太さと本数、接地線）は**表1-3-3**のように別途まとめるとわかりやすい。

[**表1-3-3**]　制御盤と二次側配線の内容記載例

所属盤	動力機器名称	容量〔kW〕	配線仕様 電線の太さ（薄鋼電線管）	備考
RP-1	温水ボイラ	0.25	1.6×3　E1.6（25）	Eは接地線
	温水循環ポンプ	0.4	1.6×3　E1.6（25）	Eは接地線
	冷却水循環ポンプ	2.2	1.6×3　E1.6（25）	Eは接地線
	クーリングタワー	0.75	CV2.0-4C　（22）	
	エレベータ	5.5	14×3　E8（31）	Eは接地線

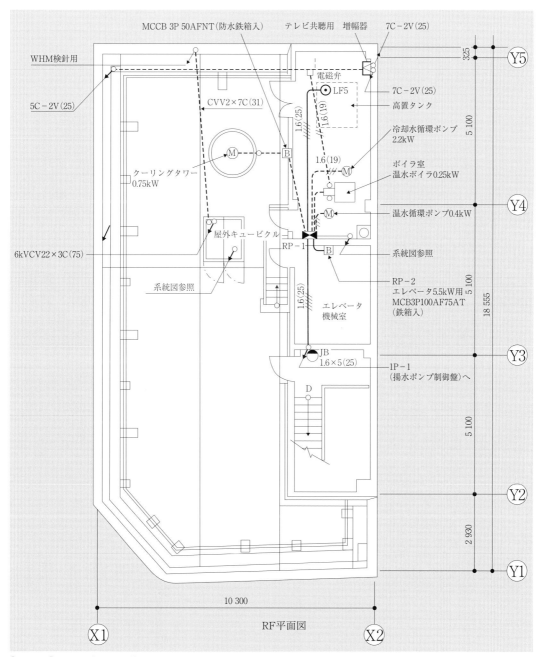

[**図1-3-1**]　RF動力弱電配線図

2 制御盤図

(1) 制御盤図

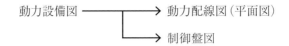

動力設備図 ──────→ 動力配線図（平面図）

──────→ 制御盤図

(2) 制御盤の外形寸法図

制御盤の形式、内容は**表1-3-4**、**表1-3-5**、**表1-3-6**で表す。盤の外形寸法は、メーカーにより若干異なるので、設計者として指定したい幅、高さ、奥行があれば、その寸法を記入しておくこと。後日、メーカーが決定した後に確認する。盤名称の表記方法は、表1-3-6を参照のこと。

[表1-3-4] 制御盤一覧表（全体図）

制御盤一覧表には、次の事項を記入する。 （表1-3-5参照） 　盤形状（記号） 　盤名称 　幹線番号 　合計容量 　結線（主幹、WH等） 　負荷記号 　負荷名称 　負荷容量 　主回略（記号）　ELBはオプション※ 　制御回路（記号） 　連動またはインターロック 　監視（操作、表示、計測） 　配線（回路、配線サイズ、配管、ラック）	制御盤仕様には、次の事項を記入する。 （表1-3-6参照） ■ 制御盤凡例 　盤形状 　盤名称 ■ 特記事項 　主回路 　制御回路 　盤仕様 　配線回路記号 ■ 結線記号 　主回路 　制御回路 　監視回路 （タイトル）

[表1-3-5] 表1-3-4左欄の記入例（エレベータは専用幹線が望ましい）

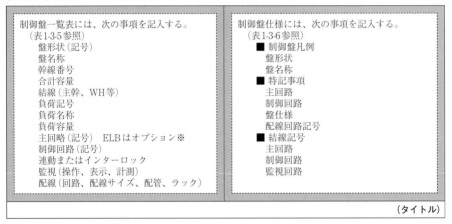

盤形状	盤名称	幹線番号	容量(kVA)	結線	負荷記号	名称	電極	容量(kW)	主回路	オプション	制御回路	連動またはインターロック	操作	状態	故障	警報	計測	回路	配線サイズ	配管	ラック
②	RP-1	GP-1	9.1	○-× ■3P 100/75	ELV	エレベータ		5.5	―		―							①◇	14×3E8	(31)	
					CR-1	クーリングタワー		0.75	B	※	①							②◇	CV2.0-4C	(22)	
					CR-2	冷却水循環ポンプ		2.2	B		①							③◇	1.6×3　E1.6	(25)	
					H-1	温水ボイラ		0.25	B		①							④◇	1.6×3　E1.6	(25)	
					H-2	温水循環ポンプ		0.4	B		①							⑤◇	1.6×3　E1.6	(25)	
					LF5								○			○			1.6×5	(25)	

主幹の容量、WHメータ等の結線を表現する

電極の種類を記入
LF3、LF4、FS

一覧表に配線サイズを記入することにより、動力平面図ではサイズ記入を省略してもよい

(3) 主な動力の制御運転方法

① 給排水設備

図1-3-2のように、水槽の水位（図中A、B）を電極により検出し、ポンプの自動制御運転を行う。

② 空調設備

押ボタンのON、OFF制御または温度センサー、タイマーなどにより自動制御運転する。

LF3

[図1-3-2] 水槽断面図

[表1-3-6]　表1-3-4右欄の記入例

制御盤仕様	

■ 制御盤一覧表の見方

・盤形状
　① 屋内壁掛型
　② 屋内自立型
　③ 屋外壁掛型
　④ 屋外自立型

・盤名称

5 P - 1

　　　盤 No.（1、2、……）

　　　用途　P：動力制御盤
　　　　　　M：動力回路分岐盤
　　　　　　S：手元開閉器盤

　　　階　B1：地下1階
　　　　　1：1階
　　　　　〜
　　　　　R：RF階（屋上）

■ 特記事項（●印は適用する）

	項目	適用
主回路	ブレーカ	● 主幹ブレーカは図示 ○ 主幹ブレーカはMCCB
	漏電保護	○ ポンプ回路 ● 屋外機器回路 ● ELCB特性は30mA、0.1秒
	保護装置	● サーマルリレーは2要素（2E）
	進相コンデンサ	● 取り付けない
	Ｙ-△起動	○ ポンプ15kW以上 ○ ファン11kW以上
	電流計	○ 0.75kW以上に取り付け ○ 赤指針付
	電力量計	○ 検定付 ○ パルス発信付
制御回路	制御電源	● 200V ○ 幹線系統ごとに共用
	電源表示灯	● 幹線系統ごとに共用
	電極	○ 汚水管、雑排水管はフロートスイッチ
	監視回路	○ 1φ200V
盤仕様	計器	● 一般
	把手	● 埋込型
	錠	● 有
	塗装	● 指定色
	扉開き	● 800幅以下は片開き
	箱体	● 鋼板製
配線記号	◇ 数字	● 建築設備系（3φ200V）
	□ 数字	○ 生産設備系（3φ200V）
	△ 英字	○ 保安用動力（3φ200V）

■ 結線記号

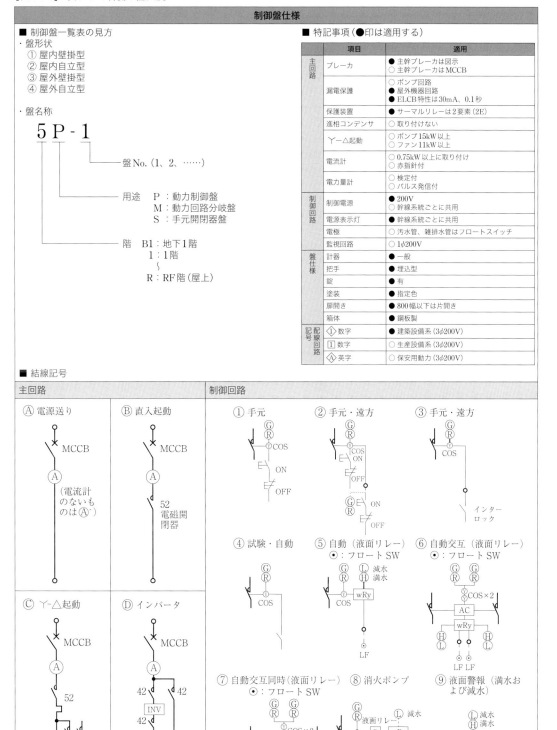

主回路	制御回路

オプション記号　・ ELCB　■ 漏電警報付　□ 警報接点付

3 幹線設備図

(1) 低圧引込みの幹線図

① 平面図

　図1-3-3、図1-3-4のように、引込み箇所から分電盤、制御盤までの配線を平面図に書く。

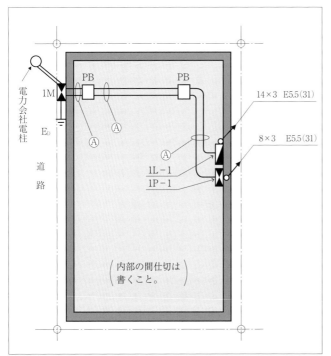

[図1-3-3] 1階平面図

[図1-3-4] 2階平面図

② 系統図

　図1-3-5のように、図1-3-3 Ⓐの内容を示した形で作成する。幹線の番号は図1-3-7を参照する。

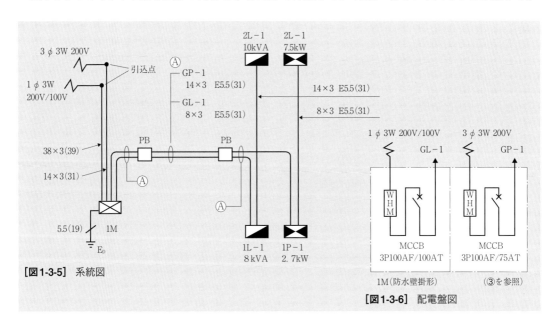

[図1-3-5] 系統図

[図1-3-6] 配電盤図

③ 配電盤図

図1-3-6のように、1Mの内容を書く（分電盤は1.2節**13**、制御盤は1.3節**2**の書き方による）。分電盤の種類や仕様に応じて、必要な内容を注に記入する。たとえば、この場合は次の注を記す。

> ※1：WHM収納部は電力会社の封印ビス付とする。
> ※2：検針用窓ガラスは金網入とする。
> ※3：単相と三相間は隔壁を設ける。

（2）　変電設備以降の幹線設備図の作り方

高圧引込みの幹線設備図は、変電設備の配電盤以降の分電盤、制御盤、開閉器盤などに至る幹線と、高圧引込み場所から変電設備までの高圧引込みケーブル設備工事を行う箇所の両方を書く。

平面図および系統図の書き方を次に示す。（1）の低圧引込みに比べて負荷も多く、幹線設備の内容も複雑になるので、記号化して表すとよい。なお、記号は受変電設備図と統一しないと混乱を招くので注意する。

① 平面図

幹線設備図は、動力設備図と共用として同一平面図に記入することが多い。さらに、図が複雑にならない場合には、弱電設備図とも共用して設計効率を上げることができる。

幹線設備図を動力設備図・弱電設備図と共用する場合、建築図の変更に伴う訂正作業が一度で済み、紙や図面のボリュームも減るため経費の節約になる。また、幹線、動力、弱電設備相互の食い違い、ぶつかり合いを防ぐことができる。

デメリットとして、図面が読み取りにくくなるおそれがあるため、注意して作成する。平面図を作成する際は図1-4-5（弱電設備系統図例）も参照すること。

② 系統図

幹線系統図に用いる幹線番号は、**図1-3-7**のように分類するとよい。

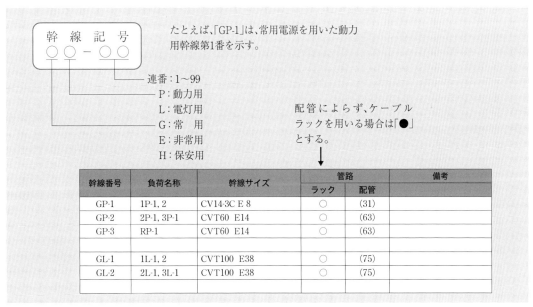

[**図1-3-7**]　幹線系統図用記号

4 受変電設備図

（1） 受変電設備の設計

① 送電系統図の作成

送電系統図は、内線規程の中に大別されているCB形（内線規程3805-4図）とPF・S形（内線規程3805-5図）のいずれかの標準結線図を基本として作るとよい。**図1-3-8**にCB形の例を示す。

② 変圧器の容量算定

表1-3-7に変圧器の容量算定の例を示す。電灯、コンセント、動力負荷に応じた需要率（**表1-3-8**）を定めて計算する。なお、電灯は単相3線200V/100V、動力は三相3線200Vの配電方式とする。

③ 配電盤の内容を記入する

幹線系統別の負荷を配電盤（変圧器の二次側）に記入するとともに、負荷および幹線に適合した配線用断遮器の容量を記入する。

[表1-3-7] 変圧器容量算定表の記入例

工事種別	負荷名称	用途	定格出力〔kW〕	効率〔%〕	力率〔%〕	入力〔kVA〕	需要率〔%〕	最大需要電力〔kVA〕	変圧器容量〔kVA〕	備考
電灯	1L	電灯				30	80	24		
		コンセント				10	80	8		
	2L	電灯				20	80	16		定格容量の11％以内の短時間超過は許容範囲
		コンセント				10	80	8		
							計	56	50kVA×1台	
冷房動力	1P-1	パッケージコンプレッサ	7.5	84.5	82.5	10.8	80	8.64		
	1P-2	パッケージコンプレッサ	7.5	84.5	82.5	10.8	80	8.64		
	2P-1	冷却水ポンプ	2.2	80.5	79.0	3.45	100	3.45		
		クーリングタワー	1.5	78.5	77.0	2.5	100	2.5		
一般動力	1P-1	パッケージファン	2.2	80.5	79.0	3.45	100	3.45		
	1P-2	パッケージファン	2.2	80.5	79.0	3.45	100	3.45		
	1P-3	消火ポンプ	3.7	82.5	80.0	5.6	0	0		
	1P-4	排水ポンプ	1.5	78.5	77.0	2.5	30	0.75		交互運転
	2P-1	換気ファン	11	85.5	83.0	15.5	100	15.5		
					（冷房動力＋一般動力）計			46.38	50kVA×1台	

※1：同じ種類、同じ用途の負荷でも1台ごとに記入すること。
※2：2台の負荷の交互運転の場合は1台分の電力を、交互運転の場合は2台分の電力を記入すること。
※3：最大需要電力〔kVA〕＝$\dfrac{\text{入力}〔kVA〕×\text{需要率}〔\%〕}{100}$、入力〔kVA〕＝定格出力〔kW〕÷$\dfrac{\text{効率}〔\%〕}{100}$÷$\dfrac{\text{力率}〔\%〕}{100}$≒定格出力〔kW〕×1.25
※4：コンプレッサなどがインバータ制御の場合は、入力値をメーカーカタログにより確認すること。

[表1-3-8] 事務所ビルの需要率表

負荷	需要率〔%〕	負荷	需要率〔%〕	負荷	需要率〔%〕
電灯	80	給排水ポンプ	30	空調用圧縮機	80
コンセント	30〜80	給排気ファン	100	エレベータ	80
専用コンセント	80	空調用送風機	100	消火ポンプ	0

（2） 送電系統図と変電設備据付図

① 送電系統図

主要機器の系統図と、その機器の仕様を図中の余白に明示する。**図1-3-9**参照。

② 変電設備据付図

変電設備の形式は、室内に開放形として主要機器を個別に据え付けるものと、図1-3-8のようにキュービクル形の変電設備を工場で製作して、現場に据え付ける方法がある。前者の場合は、別図にて設計図を作成する。

(3) 機器仕様

　機器の形式を明確に表示する。安全性、機能性、保守性、経済性に関係するので注意する。

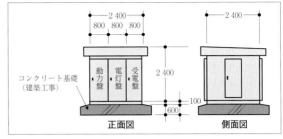

[図1-3-8] 屋外形キュービクル図例 (重量約1.5t)

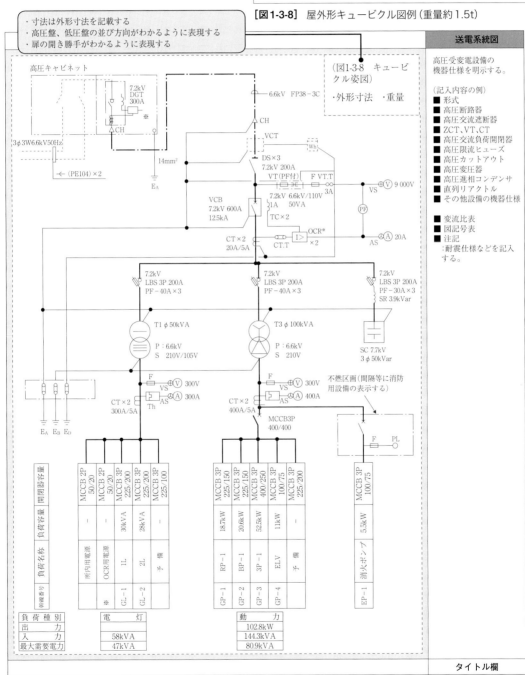

[図1-3-9] 送電系統図

5　発電機設備図と蓄電池設備図

(1)　発電機設備図

　小規模ビルの防災用機器に対する停電対策として、建築基準法の排煙設備は空調工事でエンジン付きとし、消防法の消火ポンプの電源は非常電源専用受電設備で対応できることが多いので、発電機設備図を作成することは少ない。しかし、建物の用途と規模によっては発電機設備図が必要となる。

(2)　発電機設備図の作り方

　図1-3-10は作図の例である。なお、図面は複数枚になってもよい。

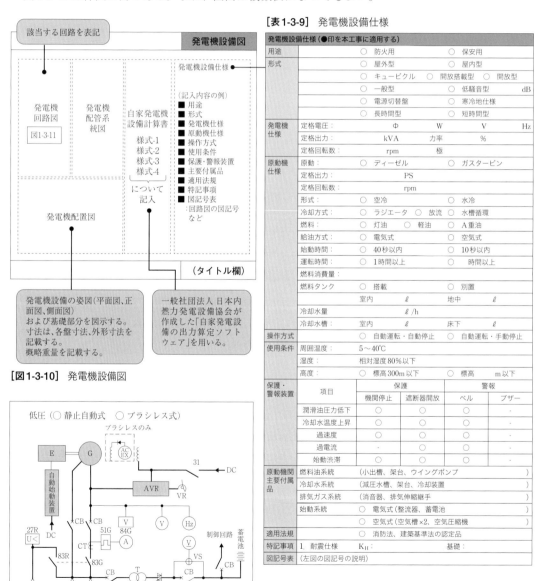

[図1-3-10]　発電機設備図

[図1-3-11]　発電機回路図の例

[表1-3-9]　発電機設備仕様

発電機設備仕様（●印を本工事に適用する）				
用途		○　防火用	○　保安用	
形式		○　屋外型	○　屋内型	
		○　キュービクル	○　開放搭載型	○　開放型
		○　一般型	○　低騒音型	dB
		○　電源切替盤	○　寒冷地仕様	
		○　長時間型	○　短時間型	
発電機仕様	定格電圧：	Φ	W	V　　Hz
	定格出力：	kVA	力率	％
	定格回転数：	rpm	極	
原動機仕様	原動：	○　ディーゼル	○　ガスタービン	
	定格出力：	PS		
	定格回転数：	rpm		
	形式：	○　空冷	○　水冷	
	冷却方式：	○　ラジエータ　○　放流	○　水槽循環	
	燃料：	○　灯油　○　軽油	○　A重油	
	給油方式：	○　電気式	○　空気式	
	始動時間：	○　40秒以内	○　10秒以内	
	運転時間：	○　1時間以上	○　時間以上	
	燃料消費量：			
	燃料タンク	○　搭載	○　別置	
		室内　　ℓ	地中　　ℓ	
	冷却水量：	ℓ/h		
	冷却水槽：	室内　　ℓ	床下　　ℓ	
操作方式		○　自動運転・自動停止	○　自動運転・手動停止	
使用条件	周囲温度：	5～40℃		
	湿度：	相対湿度80％以下		
	高度：	○　標高300m以下	○　標高　　m以下	

保護・警報装置	項目	保護		警報	
		機関停止	遮断器開放	ベル	ブザー
	潤滑油圧力低下	○	○	○	-
	冷却水温度上昇	○	○	○	-
	過速度	○	○	○	-
	過電流	-	○	○	-
	始動渋滞	○	○	○	-

原動機関主要付属品	燃料油系統	（小出槽、架台、ウイングポンプ　　　　　　）			
	冷却水系統	（減圧水槽、架台、冷却装置　　　　　　　　）			
	排気ガス系統	（消音器、排気伸縮継手　　　　　　　　　　）			
	始動系統	○　電気式（整流器、蓄電池　　　　　　　　）			
		○　空気式（空気槽×2、空気圧縮機　　　　）			
適用法規		○　消防法、建築基準法の認定品			
特記事項	1．耐震仕様	K_H：		基礎：	
図記号表	（左図の図記号の説明）				

（図中の注記）

該当する回路を表記

発電機設備図

発電機回路図　図1-3-11

発電機配管系統図

自家発電機設備計算書
様式-1
様式-2
様式-3
様式-4
について記入

発電機設備仕様

（記入内容の例）
■用途
■形式
■発電機仕様
■原動機仕様
■操作方式
■使用条件
■保護・警報装置
■主要付属品
■適用法規
■特記事項
■図記号表
：回路図の図記号など

発電機配置図

（タイトル欄）

発電機設備の姿図（平面図、正面図、側面図）および基礎部分を図示する。寸法は、各盤寸法、外形寸法を記載する。概略重量を記載する。

一般社団法人 日本内燃力発電設備協会が作成した「自家発電設備の出力算定ソフトウェア」を用いる。

低圧（○　静止自動式　　○　ブラシレス式）

ブラシレスのみ

E　G　AC EX

自動始動装置

AVR　VR

27R　U<　DC

★CB　★CB　51G　84G　V　V　Hz　A

CT　V　VS

83R　83G　CB　T　CB　CB

制御回路　蓄電池

31　DC

三相220/220V買電　　三相100/110V負荷　　三相220/220V

(3) 蓄電池設備図

小規模ビルの場合、非常用照明器具、自動火災報知機受信機、非常警報盤などには蓄電池が内蔵されるので、蓄電設備図を作成することは少ない。しかし、たとえば事務所ビルなどで、延べ面積が10 000m²以上となると、据置型（別置型）蓄電池設備図が必要となることが多い。

(4) 蓄電池設備設計図の作り方

図1-3-12はまとめ方の例である。なお、図面は複数枚になってもよい。

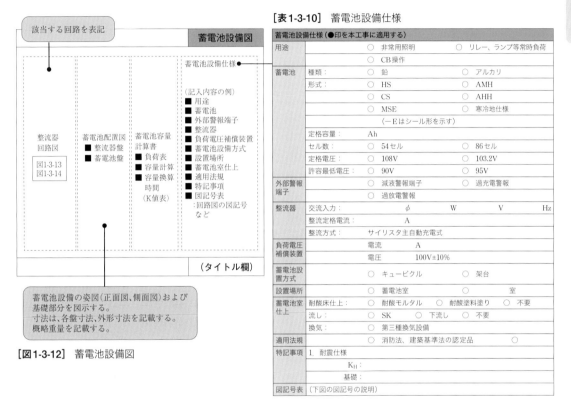

[図1-3-12] 蓄電池設備図

[表1-3-10] 蓄電池設備仕様

蓄電池設備仕様（●印を本工事に適用する）							
用途		○	非常用照明		○	リレー、ランプ等常時負荷	
		○	CB操作				
蓄電池	種類	○	鉛		○	アルカリ	
	形式：	○	HS		○	AMH	
		○	CS		○	AHH	
		○	MSE		○	寒冷地仕様	
			（－Eはシール形を示す）				
	定格容量：	Ah					
	セル数：	○	54セル		○	86セル	
	定格電圧：	○	108V		○	103.2V	
	許容最低電圧：	○	90V		○	95V	
外部警報端子		○	減液警報端子		○	過充電警報	
		○	過放電警報				
整流器	交流入力：		φ	W		V	Hz
	整流定格電流：	A					
	整流方式：	サイリスタ主自動充電式					
負荷電圧補償装置	電流	A					
	電圧	100V±10%					
蓄電池設置方式		○	キュービクル		○	架台	
設置場所		○	蓄電池室			室	
蓄電池室仕上	耐酸床仕上：	○	耐酸モルタル	○	耐酸塗料塗り	○	不要
	流し：	○	SK	○	下流し	○	不要
換気		○	第三種換気設備				
適用法規		○	消防法、建築基準法の認定品		○		
特記事項	1. 耐震仕様						
	Kₕ：						
	基礎：						
図記号表	（下図の図記号の説明）						

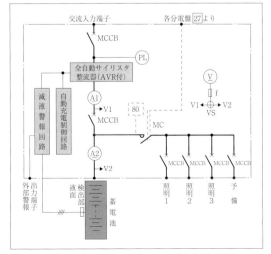

[図1-3-13] 整流器回路図（非常照明専用型）の例

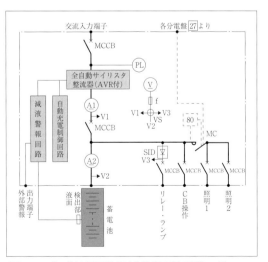

[図1-3-14] 整流器回路図（非常照明兼用型）の例

6　避雷設備図

(1)　避雷設備（突針）支持物の設計

　避雷設備は、建築基準法により地上20mを超える部分を落雷から保護する設備として設置が義務付けられている。また、この設備は確認申請の際に一連の建築図面と一緒に提出するものであり、平面図、立面図は寸法が記入されていなければならない。

　設備の計画にあたっては、建築基準法施行令に基づいてJIS A 4201：2003「建築物等の雷保護」（以下「新JISによる雷保護設備」）のうち、外部雷保護システムに適合する雷保護システム（LPS：Lightning Protection System）を構成する必要がある。JIS A 4201：1992「建築物等の避雷設備（避雷針）」（以下「旧JISによる避雷設備」）に基づく計画も可能だが、新JISによる雷保護設備と旧JISによる避雷設備の両方の基準を混合して利用することはできないので留意する。また、消防法の危険物に関連する避雷設備は消防署と協議のうえ、新JISによる雷保護設備で計画する必要がある。

　JIS A 4201：2003の規格概要は**図1-3-15**のようになるが、このうち内部雷保護システムは建築基準法施行令の規定からは除外されている。なお、日本産業規格にはZ 9290-3：2019「雷保護―建築物等への物的損傷及び人命の危険」も存在するが、建築基準法上はJIS A 4201：2003に準拠する。

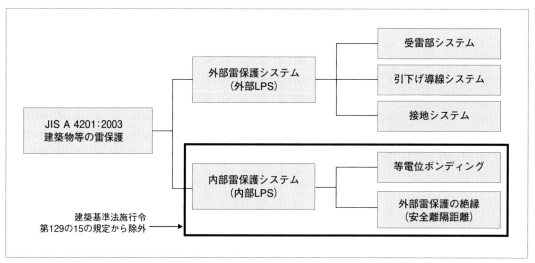

【図1-3-15】　JIS A 4201：2003の規格概要
【引用・参考文献】一般社団法人 日本雷保護システム工業会「雷害対策設計ガイド」

(2) 新JISによる雷保護設備の設計例

　新JISによる雷保護設備の計画は旧JISに比べ複雑なため、ここでは概要を述べるにとどめる。計画の詳細については参考文献を参照されたい。

　新JISの外部雷保護システムの計画にあたっては次のような手順となる。なお、以下の設計手順は一般社団法人 公共建築協会 編集『建築設備設計基準 平成30年版』を参考にしている。

① 雷保護レベルの設定

　施設の重要度や対象地域の落雷密度、および立地条件により雷保護レベルを設定する。レベルはⅠ～Ⅳまであり、Ⅰが最も高いレベルである。一般的な建物であればレベルⅣが採用される。

[表1-3-11] 保護レベルに応じた受雷部の配置

保護レベル	回転球体法	保護角法					メッシュ法
	球体半径 R(m)	高さhに応じた保護角度α(°)					メッシュ幅 (m)
		20 (m)	30 (m)	45 (m)	60 (m)	60 (m) 超過	
I	20	25	-	-	-	-	5
II	30	35	25	-	-	-	10
III	45	45	35	25	-	-	15
IV	60	55	45	35	25		20

【引用・参考文献】JIS A 4201：2003

② 受雷部システムの設計

　受雷部は、建築物の高さおよび保護レベルに応じて、各種方式（突針、水平導体、メッシュ導体）を個々にまたは組み合わせて構成し、各種保護方式（回転球体法、保護角法、メッシュ法、**表1-3-11**）を用いて、保護範囲に入るように配置する（**図1-3-16**）。なお、保護角法における保護角度は、旧JISによる避雷設備と異なった基準となっているので注意する。屋上に設けられた設備などを突針と水平導体で保護する場合の突針の長さの算出例を**図1-3-17**に示す。

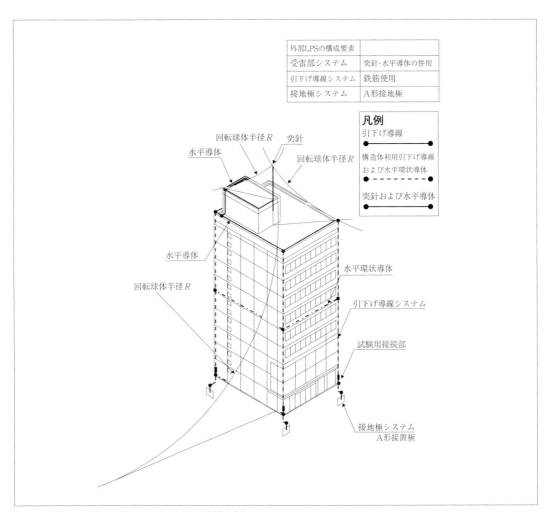

[図1-3-16] 一般的なビルにおける回転球体法の例
【引用・参考文献】一般社団法人　日本雷保護システム工業会「雷害対策設計ガイド」

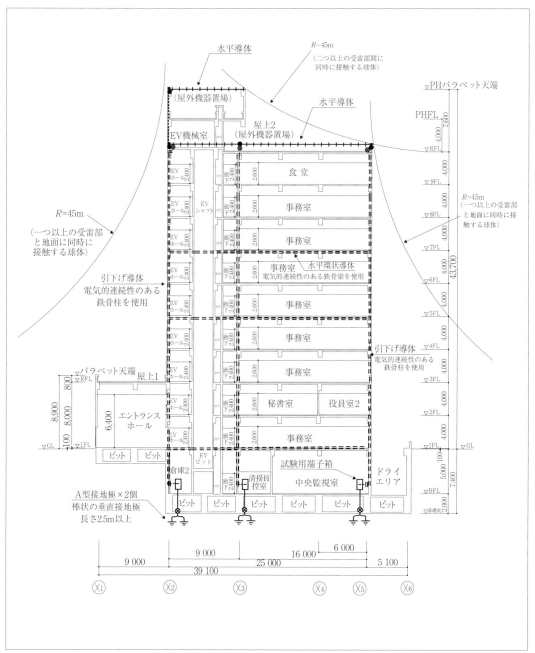

[図1-3-17] 雷保護設備立面図の例

【引用・参考文献】公益財団法人 建築技術教育普及センター「平成29年度 設備設計一級建築士講習テキスト」

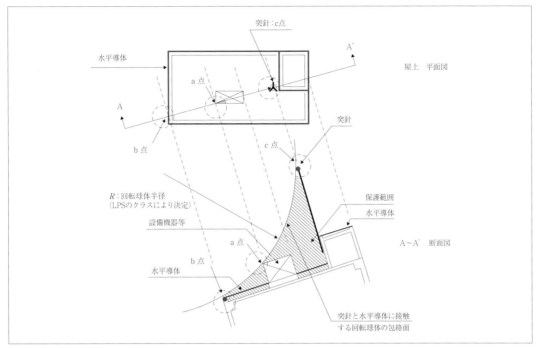

［図1-3-18］ 断面図による突針長さの決定方法例
【引用・参考文献】一般社団法人 日本雷保護システム工業会「雷害対策設計ガイド」

（ア）突針から一番離れた設備機器の点（a点）と突針とを直線で結び、その延長線と交わる水平導体の点（b点）を求める。

（イ）a点およびb点から（ア）で引いた直線に対する垂線（破線）を記入し、A-A'断面図を作成する。

（ウ）A-A'断面図のa点およびb点に接触するLPSのクラスに応じた半径の円（回転球体の包絡面の地面に垂直な断面）を記入し突針位置の垂線との交点（c点）を求める。

（エ）この円は、a点、b点、c点に接触する回転球体の包絡面であるので、a点を保護するにはA-A'断面図のc点より上に突針を設ければよい。同様の確認をおなじ設備機器の2番目、3番目、……に離れた点で行い、必要な突針の長さを求める。

（オ）同様の確認を他の設備機器でも行い、各断面図のなかで一番高い位置のc点より高い位置に突針を設ければ、すべての設備機器を回転球体の包絡面に接触させず、保護範囲に入れることができる。

③　引下げ導線システムの設計

（ア）鉄骨造、鉄筋コンクリート造および鉄骨鉄筋コンクリート造の場合は、最上部の構造体に接続することで、建築構造物を利用した引下げ導線システムとする。その際、構造体同士および接続部分の電気的な連続性に留意する。引下げ導線は建物の外周に沿って、原則として2条以上とする。

（イ）引下げ導線はできるだけ建物の突角部に配置し、外周部分は等間隔になるように接地する。隣接する引下げ導線の平均間隔は、設定した雷保護レベルに応じて**表1-3-12**に示す値以下とする。

［表1-3-12］ 雷保護レベルに応じた引下げ導線の平均間隔

雷保護レベル	引下げ導線の平均間隔（m）
I	10
II	15
III	20
IV	25

④　接地極システムの設計

接地極にはA形とB形があり、これに雷保護レベルや材料の種類（銅・鉄）に応じた接地極の寸法が規定されている。新JISでは接地抵抗値の規定値はないが、できるだけ低い値（10Ω以下）が望ましい。鉄骨造、鉄筋コンクリート造および鉄骨鉄筋コンクリート造の建築物の場合は、建物基礎部の鉄筋を利用した構造体利用接地を用いることができる。

[表1-3-13] 接地極の種類

分類	種類
構造体利用接地極	構造体利用接地極
A型接地極	板状接地極
	垂直接地極
	放射状接地極（水平接地極）
B型接地極	環状接地極
	網状接地極（メッシュ形状の接地極）

【転載元・参考文献】国土交通省大臣官房官庁営繕部設備・環境課監修、一般社団法人 公共建築協会 編集『建築設備設計基準 平成30年版』（一部改変）

(3) 旧JISによる避雷設備の設計例

① 避雷突針支持物の設計

図1-3-20において、同心円の中心は避雷突針が設置されている部分で、$R_1 = \overline{\mathrm{oa}}$ は煙突、$R_2 = \overline{\mathrm{ob}}$ は塔屋、$R_3 = \overline{\mathrm{oc}}$ は屋上を保護している。その立面図を**図1-3-21**、**図1-3-22**に示す。

図面から、$R_2 \tan 30° = 8.8 \div \sqrt{3} = 5.1$ より、塔屋から頂部までは5.1mとする。

実際の設計の場合には、R_1、R_2、R_3をすべて満足する支持物（支持管）の長さを算出する。

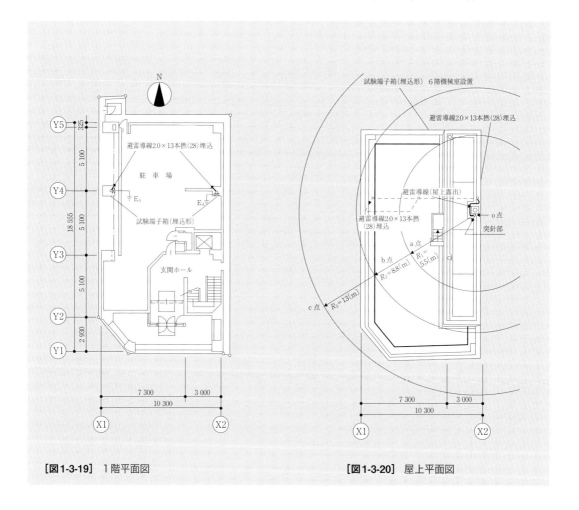

[図1-3-19] 1階平面図　　　　　　　　　　**[図1-3-20]** 屋上平面図

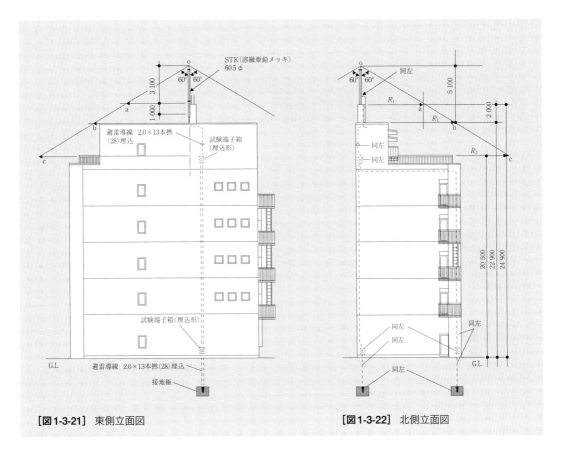

[図1-3-21]　東側立面図　　　　　　　**[図1-3-22]**　北側立面図

②　避雷導線の設計

　図1-3-20、図1-3-21、図1-3-22の破線は、避雷導線である。鉄骨構造の場合、最上部と最下部の鉄骨に溶接し、中間は鉄骨代用とする設計手法が一般的に用いられている。このとき、導線は鉄骨に溶接しなければならない。導線を鉄筋に溶接する場合は、構造設計者と協議する。

③　接地極の位置

　水平投影面積（建物の上部から見た地上20m以上の面積）が50m²を超えるものについては、引き下げ導線を2条以上とする。また、地上20mを超える部分の外周に沿って、50m以内ごとに1箇所引き下げる。図1-3-20の場合、2箇所引き下げている。

(4)　設計図の作り方

① 平面図

　屋上の平面図（図1-3-20）は必要不可欠だが、接地極の位置が同じ図面で表現できるのであれば、1階平面図（**図1-3-19**）は省略してもよい。平面図は、寸法の書き込みがなければならない。

② 立面図

　東側立面図（図1-3-21）または北側立面図（図1-3-22）のいずれかでわかる場合には、片方を省略することができる。ただし、各部の名称、寸法、保護範囲の円弧と半径は省略せずに記入する。

③ 機器の仕様

　仕様、詳細図を記入する。記入の仕方は**表1-3-14**「避雷設備仕様」を参照する。

(5) 避雷設備図

現状のシェアに合わせて、JIS A 4201：1992 に沿うものとしている。近年のものについては、JIS A 4201：2003 を参照すること。

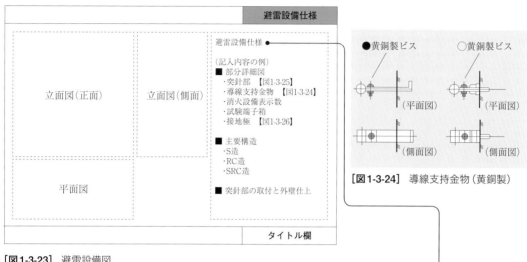

[**図1-3-23**] 避雷設備図

[**図1-3-24**] 導線支持金物（黄銅製）

[**表1-3-14**] 避雷設備仕様

避雷設備仕様（●印を本工事に適用する）	
突針部	1. 突針は、主針1本の銅製とし、先端はクロームめっきとする。
	2. 突針部の先端は、可燃物から0.3m以上突き出すこと。
	3. 突針と突針支持パイプの固定は、電気的、機械的に堅固に固定すること。
	4. 突針部は、建築基準法施行令第87条の規定による風圧力に対して安全な構造とすること。
棟上導体	1. 棟上導体は、2.0×13本の鬼撚硬銅線を用い図示のように布塗し、1.5mごとに固定すること。
	2. 棟上導体と可燃物との距離は、0.3m以上とすること。
避雷導線部	1. 避雷導線は、（○ 2.0×13本の鬼撚硬銅線、○ 主鉄筋2条以上、○ 鉄骨代用）とする。
	2. 支持間隔は、支持金物を用い、水平部分において1.5m以下ごとに、垂直部分においては2m以下ごとに、固定のこと。
	3. 避雷導線が地中に入る部分は、硬質ビニル管（28）にて地上2.5m以上、地下3.0m以上まで保護すること。
	4. 避雷導線から距離1.5m以内に接近する電線管、雨どい、鉄管、鉄はしごなどの金属体は、接地すること。
	5. 避雷導線は、電灯線、電話線、TVアンテナ、ガス管などから1.5m以上離すこと。
接地極	1. 接地極は、900mm×900mm×1.5t以上の銅板とする。なお、測定用に補助接地を設けること。
	2. 接地極は、地下0.5m以上の深さに埋設すること。
	3. 避雷針の接地抵抗は、10Ω以下とする。なお、避雷導線を鉄骨で代用している場合は、5Ω以下とする。
	4. 接地の埋設箇所には、接地埋設標識にて表示すること。
その他	1. 接地の埋設にあたっては、監督官庁の立会いのもとに埋設すること。
	2. 突針部および接地極の配管の詳細は、現場担当者の指示によること。
	3. 接地抵抗の測定記録を作成すること。

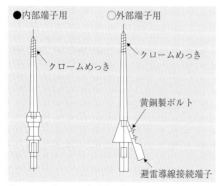

[**図1-3-25**] 突針部（中型）

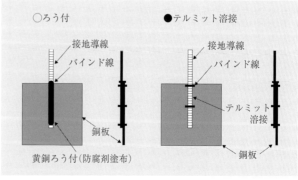

[**図1-3-26**] 接地極

7　エレベータ設備図

(1)　エレベータ設備図

エレベータ設備は、着工前に確認申請を行う必要があり、申請書類としてエレベータ設備を書き込んだ建築図面（平面図、断面図など）と下図が必要である。メーカーの規格品を使用する場合は、申請に必要な図面は、建築設計者（意匠、構造）と電気設備設計者のどちらで作成してもよい。

(2)　エレベータ設備図の作り方

エレベータの台数が少ない場合、または同仕様のエレベータを複数台使用する場合は、図面を1枚にまとめる。仕様が異なるエレベータが多いときは、平面図、断面図は別図にする。

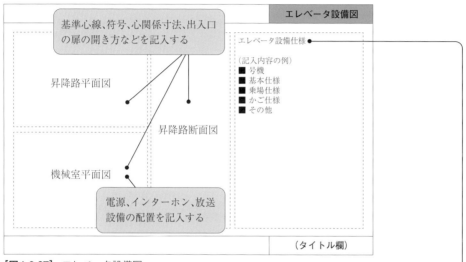

［図1-3-27］　エレベータ設備図

［表1-3-15］　エレベータ設備仕様記入例

項目	号機		No.1		項目	号機		No.1
基本仕様	用途		人荷用（メーカー標準）		乗場仕様	表示器具		デジタル式
	制御方式		可変電圧可変周波数				フェースプレート	幕板取付
	操作方式		乗合全自動方式			特記事項		
	積載荷重		600kg		かご仕様	壁		化粧鋼板
	定員		9名			扉		化粧鋼板
	速度		45m/min			目地	壁	無
	停止箇所		6箇所（1、2、M3、3、M4、4階）				扉	無
	戸形式		二枚戸中央開き式			天井・照明		メーカー標準品
	出入口寸法（mm）		W800×H2 100			床		鋼板チェッカープレート貼
	かご内法（mm）		W1 400×D1 100×H2 350			出入口柱		アルミアルマイト仕上
	動力電源		AC3φ200V-60Hz			敷居		硬質アルミ
	照明電源		AC1φ100V-60Hz			幅木		アルミアルマイト仕上
	電動機容量（1台当たり）		4.5kW			操作盤	行先釦	押ボタン
	おもり非常止装置		無				フェースプレート	メーカー標準品
	管制運転	地震	S＋P波				副操作盤	無
		火災	火災信号連動			インジケータ		デジタル式
		停電	自動着床			救出口		かご天井
	特記事項		おもり横落とし			クーラー		無
乗場仕様	三方枠		全階大枠ステンレスヘヤライン仕上			放送用スピーカ		無
	幕板		全階　鋼板塗装仕上			特記事項		
	扉		全階　鋼板塗装仕上		その他	監視盤		
	扉目地		無					かご内ステンレス荷摺H＝1 100
	敷居		硬質アルミ					戸開延長ボタン
	押釦		押ボタン					遮煙機能（乗場扉）
		フェースプレート	ステンレスヘヤライン仕上					

1.4　情報通信設備

1　電話設備の設計

(1)　電話局線の引込み

①　架空引込み

建物の道路側に面しているところから、**図1-4-1**のように引き込む。一般に2階の窓の上端くらいの高さになる。

②　地中引込み

図1-4-1のように道路下から敷地内の地中に埋設して引き込む方式である。

(2)　引込み以降

幹線系統図を**図1-4-2**に示す。たとえば単独方式は、MDF（主配線盤）から各端子盤に個別に配線するものである。**表1-4-1**に各種幹線方式の比較を示す。

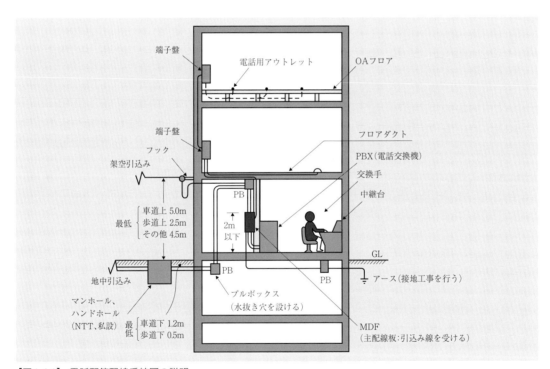

[**図1-4-1**]　電話配管配線系統図の説明

[**表1-4-1**]　図1-4-2の各種幹線方式の比較表

幹線方式		(1) 単独	(2) 複式	(3) 単独複式兼用	(4) 低減式
特徴		・変動の少ない場合 ・設備費高い	・変動が多い場合 ・設備費は中くらい	・すべてに使用可 ・設備費高い	・マンション、自社ビルなど ・設備費安い
建物 用途	貸ビル	○	○	○	
	自社ビル		○	○	○
	マンション			○	○

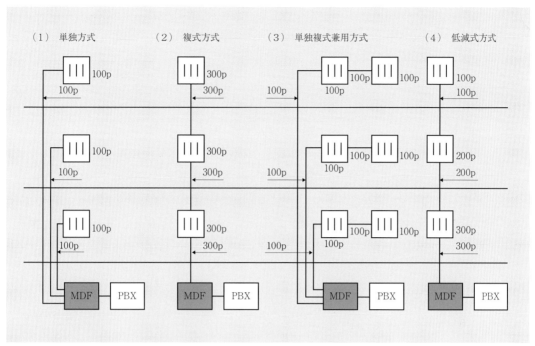

[図1-4-2] 各種幹線方式（各階の端子盤で100p使用する場合のケーブル対数）

（3） 電話回線数と電話交換機

① 電話回線数

　電話については、電気通信事業者からの引込回線をいくつにするかという計算が必要だが、引込回線数はビルの規模と用途（営業内容）により異なる。**表1-4-2**はビルの業務形態による必要回線数（専用線を含む）を示したものである。

[表1-4-2] 必要な電話回線数（参考）

$10m^2$あたりの回線数	事業内容とビルの形態
0.4	官公庁・一般事務所など
0.2	商業施設など

② 内線回線数

　事務所ビルの内線回線数は、$10m^2$あたり1.5〜3.0になると考えられる。最近ではインターネット、コンピュータのデータ端末等の利用によって、それらの内線数に占める割合も大きくなっている。

③ 小規模ビルの交換機

　ⓐ　小規模ビルの場合は、交換機は簡易型のボタン電話交換機または分散中継台方式とし、専任の交換手を置かない方式とする。この場合の電源は交流100Vの専用回路とし、蓄電池は本装置に内蔵する。

　ⓑ　交換機は専用の室に設ける必要はないが、保守しやすい機能を保持できる場所に設ける。

　ⓒ　電話交換機の仕様を書く際には、局線数、内線数、付加機能などを列記する。

2 電話配管図

(1) 配管図作成のための図記号

[**表1-4-3**] 電話配管図の図記号

図記号	名称	図記号	名称	図記号	名称
⊙	電話用アウトレット(PTは公衆用)	▭	端子盤	─€─	天井配管(サイズ)
⦿	床付電話用アウトレット	[MDF]	本配線盤	--€--	床配管(サイズ)

(2) 配管の太さ (表1-4-4)

(3) 端子盤

　10P、20P、30P、40P、60P、100P、200Pなどが代表的である(Pは回線数、電話線2本で1ペア・1回線とする)。端子盤は、電話だけでなく、他の弱電設備と共用する。

[**表1-4-4**] 電話配管選定表

電話用回線数	PF管	薄鋼電線管	備考
0.5mm　10P	(22)	(25)	ねじなし電線管は薄鋼電線管と同じ太さのもの、CD管はPF管と同じ太さのものを選ぶ。
0.5mm　20P、30P	(28)	(31)	
0.5mm　50P	(36)	(39)	
TIVF　0.65-2C-5条	(16)	(19)	
TIVF　0.65-2C-10条	(22)	(25)	

(4) 電話配管系統図

　引込み経路、幹線ルートを明示する(**図1-4-3**参照)。図には注も記入する。

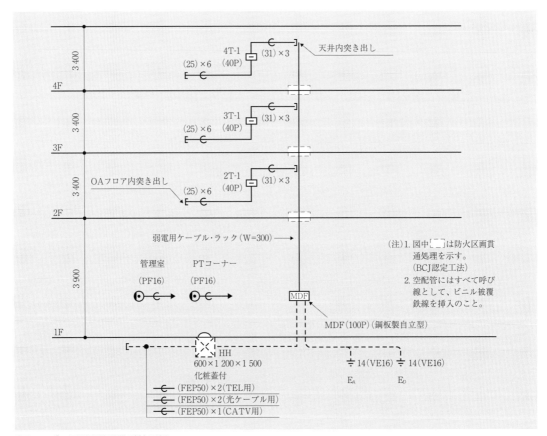

[**図1-4-3**]　電話配管設備系統図例

(5) 電話配管図

図1-4-3は基準階の配管図である。電話用配管には大きく分けて3通り、床のコンクリートに埋設する方法、OAフロア（フリーアクセスフロア）を用いる方法、下階の天井裏に配管する方法がある。床のコンクリートに埋設する場合は、**図1-4-4**のように示す。最近ではOAフロアを採用することが多く、床のコンクリートに埋設する方法は、小さな部屋や物販店のようなところに限られる。

図1-4-4は、弱電設備の配線図、電力設備の動力配線図・幹線設備配線図を同一平面図に記入した例である。

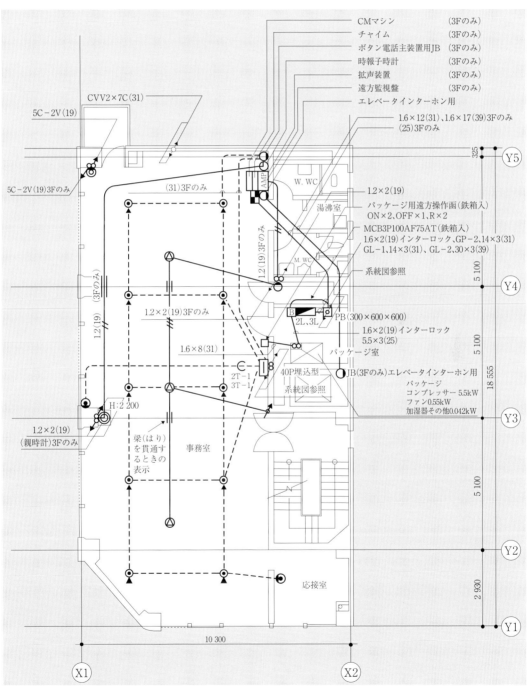

[**図1-4-4**] 2、3階平面図

3 その他の弱電設備図

文中の①～⑥は**表1-4-5**の図記号と対応する。

(1) 弱電設備

① インターホン設備……住宅、工場、病院(ナースコール設備)、ビル管理で用いられる。

② テレビ共同受信設備…ケーブルテレビ、双方向通信の普及も配慮し設計する。

③ 防犯設備………………セキュリティの必要な施設は金融機関だけでなく住宅にも及ぶ。

④ 放送設備………………学校、事務所、宴会場、劇場、駐車場など多くの施設で用いられる。

⑤ 電気時計設備…………競技場、劇場などで用いられる。

⑥ 表示器設備……………管理職、経営者やナースステーションで出退・在室を表示する。

(2) 設備図作成のための図記号

代表的なものを表1-4-5に示す。

[**表1-4-5**] 代表的な図記号の例

NO	図記号	名称	摘要
①	◎	インターホン親機	100Vのコンセントまたは直接接続で電源を取る。
	ⓣ	インターホン子機	
②	T	テレビジョンアンテナ	▷◁ 衛星(BS)アンテナ
	ⓨ	混合器	
	▷	増幅器	増幅器は100Vのコンセントが必要。防水型とする。
	⌀	4分配器	※4分岐器は、幹線の途中に設けるものなので注意。
	⌀	2分配器	※2分岐器は、幹線の途中に設けるものなので注意。
	◎	直列ユニット端子	終端のものはRを傍記する。
	▭	機器収容箱	混合器、増幅器などを収容する箱を表す。
③	Ⓟⓢ	警報センサ (○の中の文字は右のとおり)	PS：パッシブセンサ、MS：磁気近接スイッチ、 LS：リミットスイッチ、SS：シャッタ検知器、 VS：振動検知器、GS：ガラス破壊検知器
	Ⓚ	電気錠	
	▦	警報制御盤	入室操作器(カード式)、Tテンキー式と連動する。 他に、防犯カメラ、モニタテレビがある。
④	⊘	スピーカ	壁付は壁側を塗る。防災用はFを傍記する。
	⌀	アッテネータ	音量調節器(減衰器)のことである。
	AMP	増幅器	消防用設備の非常放送兼用のものはFを傍記する。
⑤	◉	親時計	盤に組み込んだ親時計を示す図記号である。
	⊘	子時計	形状、種類はその旨傍記する。
⑥	▥	表示器	NC ナースコール用受信盤
	▣	表示スイッチ	
	▫	押しボタン	壁付は壁側を塗る。
	♩	チャイム	住宅に用いられる。

【引用・参考文献】①②④⑤⑥はJIS C 0303、③はJECA 1058による。

(3) 弱電設備図の設計

① インターホン設備

機器を取り付ける箇所に該当する記号をプロットし、その間を配線で結ぶ。配線には、0.9mm

のケーブル、1.2mmの電線などを用い、使用本数は機種により異なる。

② テレビ共同受信設備

屋上にテレビアンテナを配置し、テレビ受像器の設置予定場所付近に直列ユニット端子を配置して、両者を配線で結ぶ。幹線ケーブルはS-10C-2V、S-7C-2V、S-5C-2Vを、分岐ケーブルはS-5C-2Vを用いる。

③ 防犯設備

各種センサを防犯上必要と考えられる箇所に配置する。監視室、管理室、防災センターなどに警報制御盤を配置する。

④ 放送設備

消防法により、多くの人（300人以上）を収容する建物などには非常放送設備が必要であるが、業務放送設備として計画する場合は表1-4-5中の記号を用い、1.2mm以上の太さの電線またはケーブルを用いて配線する。非常放送設備の場合、配線は3線式として系統は階別にし、耐熱ケーブルを用いる。

⑤ 電気時計設備

小規模の事務所ビルへの設置は少ないが、学校、病院では必要性が高い。配線は1.2mm以上の太さの電線を用い、20個までを1回線として、2本の電線で親時計から子時計までをつないでいく。

⑥ 表示器設備

出退表示設備、ナースコール設備などの配線は、メーカーにより方式が異なるので、カタログなどを用いて配線設計するとよい。0.9mm以上の太さのケーブルが適切である。

(4) 電線と配管の関係

図面を書く際の電線の太さおよび本数による配管の太さの選定は、**表1-4-6**を用いるとわかりやすい。

［表1-4-6］ 弱電に用いる電線と配管の太さ

ビニル絶縁電線 （IV電線）	PF管 CD管	薄鋼 電線管	構内用ケーブル	PF管 CD管	薄鋼 電線管
0.8mm×20本まで	(22)	(25)	0.65mm-0.9mm×10P	(22)	(25)
1.2mm×10本まで	(16)	(19)	0.65mm-0.9mm×20P	(28)	(31)
S-7C-2V	(22)	(25)	0.65mm-0.9mm×30P	(28)	(31)
S-5C-2V	(16)	(19)	0.65mm-0.9mm×50P	(36)	(39)

(5) 配線図作成上の注意事項

① 弱電機器は電源を必要とするものがあるので、コンセントの位置を考慮する。

② コンセント接続、専用の分岐回路への直接接続のどちらがよいか、用途・容量から検討する。

③ 機器の取付高さを室内展開図に表現するか平面図に寸法を記入する。

④ 弱電機器図（図1-4-6参照）の作図には、最新のカタログを用いるとよい。

⑤ 機器の容量は、実装と将来増設の予備を含めた設計とするか、将来の増設可能性を考慮したものにする。

⑥ 基準階（最も多く繰り返される代表的な平面を持つ階）の配線図を作成する場合、特定の階にのみ設備するものや、後から配線が追加されるものがあるので、平面図にその旨を明記する。たとえば、図1-4-4の場合、時計および拡声装置などは3階だけに設備するため、「3Fのみ」と明記している。

4 弱電設備系統図

(1) 系統図の作り方

図1-4-5は弱電設備系統図の例である。機器について特記すべき事項は、一般的には特記仕様書に書くものだが、系統図または平面図の余白に記入する場合もある。

図1-4-5には、特記事項として機器仕様と配線仕様を記入している。機器仕様をさらに詳しく表現する場合は、次頁に示す機器図を用いる。設計時点でメーカーが決定していない場合は、「○○社○○同等品」などと記入しておく。

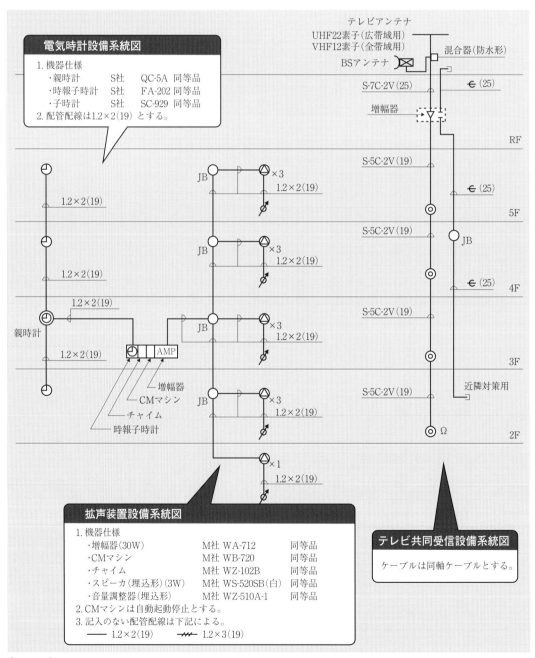

[**図**1-4-5] 弱電設備系統図例

(2) 弱電機器図の作り方

　発注者と機器の相談をする際に、図面等を作成せず、型番やカタログを見せるだけで承諾を得ようとすると、後日トラブルにつながることがある。設計内容を明確にするため、メーカーの最新のカタログから機器を選択し、型番や機器の詳細、システム仕様なども併せて図面を作成することが望ましい。**図1-4-6**は、放送設備の機器図の例である。

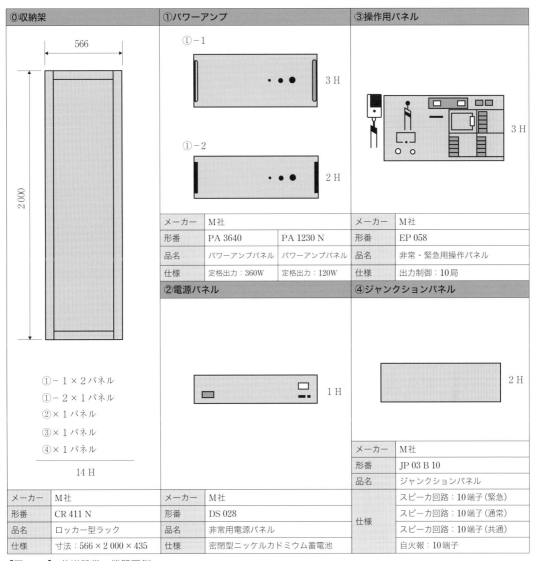

[**図1-4-6**]　放送設備の機器図例

5 自動火災報知設備図

(1) 自動火災報知設備の設計

　消防法により、事務所ビルで延べ面積1 000m²以上のものには、自動火災報知設備の設置が義務付けられている。また、その設計は、消防設備士(甲種第四類)の免状を所持している者でなければならないとされている。設計技術上の基準は、消防法施行規則に基づいて行う。

(2) 設計図の作り方

　系統図および機器の仕様は、**表1-4-8**に示す図記号を用い、かつ所定の項目を明示する。

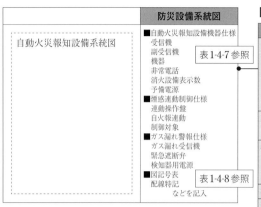

	防災設備系統図
自動火災報知設備系統図	■自動火災報知設備機器仕様 　受信機 　副受信機 　機器 ── 表1-4-7 参照 　非常電話 　消火設備表示数 　予備電源 ■煙感連動制御仕様 　連動操作盤 　自火報連動 　制御対象 ■ガス漏れ警報仕様 　ガス漏れ受信機 　緊急遮断弁 　検知器用電源 ■図記号表 ── 表1-4-8 参照 　配線特記 　などを記入

[図1-4-7] 自動火災報知設備系統図

[表1-4-8] 図記号の例

記号	名称	備考
⊠	受信機	P型1級10L
⌒	差動式スポット型感知器	2種　　　　　　　　〔確認灯付〕
⌒	定温式スポット型感知器	1種 Ⓦ：防水、Ⓔ：防爆〔確認灯付〕
Ⓢ	煙感知器光電式	2種Ⓢ　　　　　　　〔確認灯付〕
Ⓢ	煙感知器蓄積型	同上　　　　　　　　〔確認灯付〕
☐	総合盤	単独型埋込
Ⓟ	発信機	P型1級　　　　　　〔総合盤組込〕
Ⓑ	警報ベル	DC 24V 150mm　　〔総合盤組込〕
◑	表示灯	AC 24V 2W　　　　〔総合盤組込〕
Ω	終端抵抗	
☐	ジャンクションボックス	
━━	配管配線	HPケーブル
⤸	配管配線	立上り、引下げ
ⓃⓄ	警戒区域番号	

[表1-4-7] 仕様記述例

自動火災報知設備機器仕様	
受信機	（P型、R型）、（1級、2級）、（　　　　回線） 回線数内訳（自火報　　　、防煙　　　、消火　　　回線） 　　　　　　　（単独盤、複合盤）、（壁掛形、自立形、　　　） 表示方法（窓表示、　　　　） 消火栓連動（有、無）
副受信機	（　　　回線）、（壁掛形、　　　　） 消火栓連動（有、無）
機器	（表示灯、ベル、発信機、非常電話、　　　　） （個別、機器収容盤、消火栓組込） （埋込形、露出形）
非常電話	（　　　　　　　　　　　　　　　　　　回線）
消火設備表示数	（　　　　　　　　　　設備　　　回線） （　　　　　　　　　　設備　　　回線） （　　　　　　　　　　設備　　　回線） （　　　　　　　　　　設備　　　回線）
予備電源	（カドニカ式、　　　　　　　）蓄電池
煙感連動制御設備仕様	
連動操作盤	（単独盤、複合盤）（　　　回線）（壁掛形、自立形）
自火報連動	（有、無）
制御対象物	（防火扉、防火シャッタ、防水ダンパ、防煙たれ壁、排煙口、　　　）

[表1-4-9] スポット感知器1個の感知面積(警戒可能面積)

感知器の種類	感知面積(m²)	設置適用場所
2種　差動式	70	一般の居室
1種　定温式	60	厨房、湯沸室、駐車場
2種　煙	150	地下、11階以上、無窓階、廊下、シャフト

※ 天井高さは4m未満、露出した梁(はり)の高さは0.4m以下とする。

　平面図作成における留意点を以下に示す。**図1-4-8**は基準階の配線図例である。

・ 感知器は部屋の用途に応じた機種とする
・ 感知区域は天井高、露出した梁(はり)に注意する
・ 感知器は空調の吹出し口より1.5m以上離す
・ 階段室、エレベータシャフトは単独に警戒区域を表示する(図1-4-8の⑧、⑨)
・ 火災報知設備の受信機は、常時人のいる場所に設備する

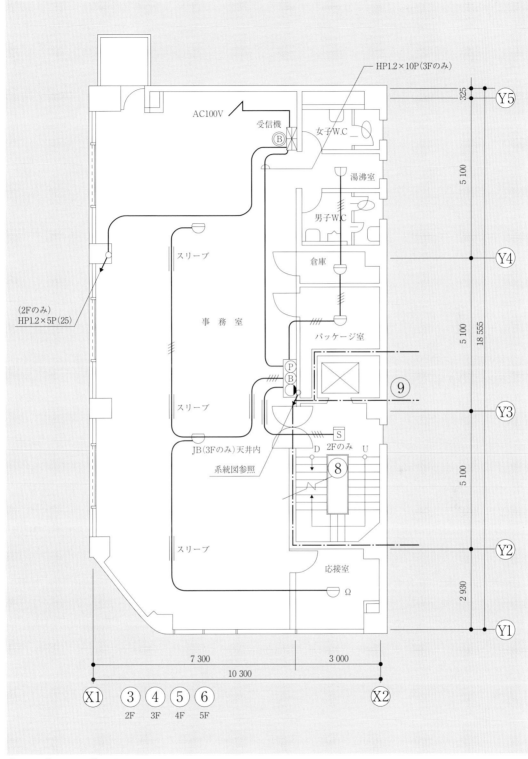

［図1-4-8］ 2〜5階平面図

1.5 資料例

1 工事の区分

設計図を作成する際に、電気工事とその他の工事との区分を明確にしておかないと、積算時点で混乱を招き、設計ミスが生じることがあるため注意する。工事区分の例を**表1-5-1**に示す。

[表1-5-1] 工事区分の例

名称		内容	建築	設備	電気
建築化設備	プレハブユニット	バス、システムキッチンのコンセント、照明器具	○		
		電源供給			○
	建築化照明	注文制作の光天井、建具内の照明	○		
		照明器具および規格品の光天井、備品のスタンド、ナイトテーブル、シャンデリアの支持			○
動力配線	建具	シャッタ・自動扉等の押ボタンスイッチおよび配線接続 防火扉および自閉機構	○		
		防火扉の電源・煙感知器(配管・配線)・管理室への表示			○
	制御盤	冷凍機、ボイラ、特殊消火設備(スプリンクラ、泡、二酸化炭素等)の制御盤および二次側配管・配線		○	
		同上以外の空調・衛生設備の制御盤および二次側配管・配線 制御盤相互間のインターロック			○
	自動制御機器	空調用自動制御機器類、二次側配管・配線およびシーケンス・インターロック		○	
		衛生用自動制御機器類、二次側配管・配線・水位電極棒			○
電気設備用機器	発電機設備	発電機室までの冷却用給排水設備		○	
		据付保守用吊り金物(Iビーム、フック等)	○		
	架台・基礎	機器の架台、コンクリート基礎	◎		○
		躯体補強、搬入用フック	○		
	防振・防音	機器・配管材料の防振・消音			○
		発電機室の吸音・遮音	○		
	ネオン塔その他	ネオン塔、通信塔、看板、鉄骨架台	○		
		電気サイン設備および避雷針			○
煙突	煙突	本体および耐火煉瓦、めがね石、コンクリート打込断熱材	○		
		発電機用付属煙突			○
	煙道	発電機用煙道とその接続・断熱およびラッキング			○
トレンチ	本体	コンクリート製(共同溝、洞道など)	○		
		金属製、支持金物、化粧の吹出口・吹込口、開口部穴埋め			○
スリーブ・穴開け	スリーブ	鉄骨貫通スリーブ	○		
		コンクリート貫通スリーブ			○
	穴開け・防火・補強	防火区画貫通部の防火措置			○
		分電盤、照明器具、弱電機器等の穴開けおよび補修			○
		スリーブおよび開口回り補強、天井の墨出し、穴開け・下地補強	○		
点検施設用	床	床改め口(化粧蓋、マンホール、ハンドホール、マシンハッチ、パイプスペース内床)	◎	○	
	壁・天井	点検扉、クラップ、猿梯子(さるばしご)、天井改め口、天井内歩み板	○		
運搬機械	エレベータ エスカレータ 小荷物専用昇降機	機械装置	○	○	◎
		エレベータ回り下地鉄骨、機械基礎、三方枠回り穴埋め、エスカレータ用防火シャッタ、エスカレータ回りの点検口・外装床および開口部補強、ピット防水、底部照明、据付保守用吊り金物	○		
	立体駐車場	機械装置、消火装置、排気装置			○
		建家および機械基礎	○		
	諸運搬機	ホイスト・カーリフト・ターンテーブルの機械装置			○
		架台、基礎、防水、モルタル仕上げ	○		

※ ◎は主となる分担区分。○が二つ以上となるものは打合せのうえ、主担当を明確にすること。
※ 分担区分の「設備」は、空調・衛生を指す。
※ 運搬機械は、官庁工事等では機械設備工事に、設計事務所等では建築工事になる場合が多い。

2 設計図のチェックリスト

(1) 設計図のチェック

設計図の作成にあたっては、**表1-5-2**の電気、空調・衛生設備共通のチェックリストを用いて相互の不整合を防ぐ。また、**表1-5-3**の電気設備図チェックリストを用いて、図面の不備を防止する。

[**表1-5-2**] 設備共通事項チェックリストの例（抜粋）

	確認事項	チェック
基本事項	1. 凍結防止（屋外用発電機、蓄電池など）	☐
	2. 塩害対策	☐
	3. 火災予防条例	☐
	4. 地盤沈下対策、腐食防止対策（埋設管）の材質塗装	☐
	5. 建物エキスパンション部の処理	☐
概要	1. 別途工事欄の記入（加入金、負担金などに注意）	☐
	2. 工事範囲の記入（テナント工事などに注意）	☐
機械室	1. 電気室、エレベータ機械室内の他用途のダクト、水配管の有無、マンホールの有無	☐
	2. 大型機器の搬出入を考慮する	☐
	3. 大型機器の防振、耐震、騒音対策の仕様	☐
全体	1. 防火区画貫通部の処理	☐
	2. 梁（はり）貫通の表示	☐
	3. 躯体埋込配管と意匠、構造との整合	☐
	4. 警備室、管理室などの壁面の盤類の納まり	☐
	5. 機器の架台、基礎について構造設計と整合	☐
屋外	1. 各種引込管のルート、サイズ、引込条件	☐
	2. 屋外埋設管用桝の耐重仕様、管保護仕様	☐
	3. 屋外仕様鋼材類の防錆仕様（架台、チャンネル、パイプサポートなど）、他の設備配管との納まり	☐
	4. 地中埋設配管の納まり（埋込深さ、位置など）	☐

[**表1-5-3**] 電気設備図チェックリストの例（抜粋）

	確認事項	チェック
受変電	1. 方向性接地継電器の必要性、保護協調の検討	☐
	2. 屋上キュービクルへの階段、フェンスの必要性	☐
	3. 消火設備（大型消火器など）	☐
	4. 屋上マンホール、屋内給排水用配管類の禁止	☐
発電機	1. 地下発電機室の浸水対策	☐
	2. ボイラ用煙突と共用の可否	☐
幹線	1. 予備配管の考慮	☐
	2. ケーブルラックによる防火区画貫通処理の仕様	☐
	3. 短絡強度の検討	☐
動力	1. 動力負荷の電圧、電力、始動、制御、運転方式、台数、位置（空調、衛生図面と整合）	☐
	2. 漏電遮断器、手元開閉器の必要箇所	☐
	3. タンク内の電極位置、種類（防爆型フロートスイッチなど）	☐
	4. 電動シャッタの有無と施工区分	☐
	5. 厨房内の機器具の防水、防湿対策	☐
電灯コンセント	1. 主な部屋に平均照度を記入	☐
	2. 防爆、防食、防水の必要性	☐
	3. 高天井、階段室最上部の照明の保守対策	☐
	4. 建築化照明の有無、広告灯および看板類の有無	☐
	5. 分電盤の分岐回路のELB分岐	☐
	6. 電灯図面と意匠図の天井伏図との違い	☐
	7. 使用放電灯の接地（対地電圧300V以下）	☐
	8. 埋込形アクリルカバーの面積の天井面積に占める割合（難燃性材料の内装部分は1/10以下とする）	☐

(2)　整合すべき項目

- ・図記号は、平面図と図記号一覧表の表記が一致すること
- ・意匠、構造、設備図・平面図、工事区分（表1-5-1）などが一致すること
- ・平面図と系統図とで機器、記号等が一致すること
- ・重ね合わせ図により、梁（はり）、点検口、吹き出し口などの納まりが正しいこと

(3)　電気設備設計図に多いミスと作図完成前の注意点

- ・建築平面図の変更が反映されていない
- ・建築工事に依頼する工事が建築図に反映されていない
- ・PF管・CD管など構造体への埋設管に構造上の問題がある
- ・耐震対策の具体的な方法が図面に表現されていない
- ・外壁への固定方法が建築材料に適さず強度が保てない
- ・防水対策が不十分である
- ・プルボックス、制御盤などの位置、開き具合が保守に不便
- ・梁、天井および設備配管、ダクトなどの納まりの検討不足
- ・動力負荷の台数、容量、電圧について、空調・衛生設備図と不整合がある
- ・平面図と系統図に不整合がある
- ・電動シャッタの位置が建築図と合致していない
- ・スイッチ、コンセント等の位置、高さが適当でない

3 その他資料

(1) 設計意図伝達書

設計者は、工事関係者やビルの発注者等（建築主、利用者の代表者を含む）に、設計の意図を十分に伝達しておくべきである。文書などの形で説明できるようにし、設計段階で理解・納得してもらう必要がある。

① 積算担当者への引継ぎ・伝達事項

見積書作成上の留意点や設計図に表していない申し送り事項などがあれば、書面にして引き継ぐ。

② 工事担当者への引継ぎ・伝達事項

- ・ 設計主旨（電気だけでなく、建築、空調等設備についても）
- ・ 発注者（建築主、テナント）側からの要望事項、打合せ事項など
- ・ 竣工時における設備容量と将来の増設スペース
- ・ ビルの管理方針（管理要員、機器の制御、監視）と電気主任技術者の要否、委託の可否
- ・ テナントの種類と工事区分
- ・ 近隣への留意事項（環境問題ほか）
- ・ 地域条例、行政指導の有無と設備の具体的内容
- ・ 要望による設計条件

③ 発注者への伝達事項

- ・ 上記②のほか、維持管理上の留意事項
- ・ **表1-5-4**の機器取扱説明書

[表1-5-4] 機器取扱説明書の記載内容

電気設備関係	1. 設備の概要書（機器配置図、系統図）	防災関係	7. 昇降機器の災害発生時の対応
	2. 計量、鍵、中央監視などの管理方法		8. 防災システムの機器取扱い方法
	3. テナント工事に対する法規制の要点		9. 防災システムに対するテナント対応
	4. テナント工事に対する設備条件		10. 保守点検一覧表
	5. エレベータの説明書		11. 故障、事故発生時の処理方法
	6. メーカーの一覧表		12. 緊急連絡先一覧表

(2) 竣工図

竣工図は工事担当者が作成すべきものであるが、一般的には、工事期間中の設計変更を反映した設計図を複写転用することが多い。現場の細かい部分や天井裏、床下等の隠れた部分については、設計者には確認が難しいので、設計図を転用する場合でも、工事担当者が責任を持ってそれらを竣工図に反映すべきである。

(3) 機器取扱説明書

設備機器は、操作を誤ると機能を果たせなくなるだけでなく、性能の低下や事故を招くおそれがあるため、わかりやすい機器取扱説明書（表1-5-4）やマニュアルなどを、竣工時に引き渡す。「メーカーの機器カタログだけを揃えて渡す」などという態度は、改めなければならない。

特に小規模ビルの場合は、管理技術者が常駐していないことも多い。突発的なトラブル発生時の対処方法を、だれにでもわかりやすい表現で説明しておく。

2 建築電気設備の実務計算

　電気設備の基本計画・基本設計において、主要機器の容量の算定、それに基づく機械室、EPS などの位置スペースの計画は重要であり、建築計画に大きく影響する。適確な計画のためには、バックデータが豊富でなければならない。

　近年は、電気設備のデータベース化が推進されており、電気設備学会誌にも解析データが発表されている。電気設備計画に必要なデータに、日頃から目を向けておくのが望ましい。

　本章では、さらに実務計算に注目し、使用頻度の多い計算式や実例を用いてわかりやすくまとめた。図表で求める簡単な算出方法もある。大いに活用して業務に役立ててもらいたい。

　最近はコンピュータを活用することで計算が大変容易となったが、コンピュータに任せきりにするのではなく、基本式の意味などを確実に理解して、応用が可能なようにしてほしい。

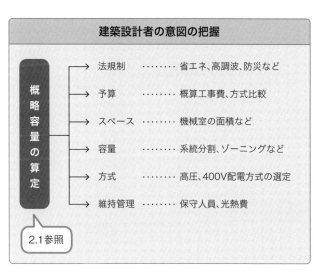

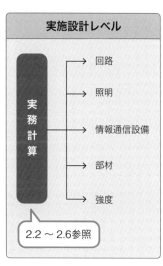

2.1 設備容量の算定

1 電気設備の概算容量（1）

（1） 建物用途別負荷容量の算定

① 電灯コンセント・動力負荷概算
　容量の算定（表2-1-1）

② 延べ面積による負荷設備の概算
　容量の算定

　一般社団法人 電気設備学会と一般
社団法人 日本電設工業協会におい
て、年度ごとに国内の竣工ビルを調
査し、新築ビルディング電気設備デー
タベース「D&Dデータ」として蓄積し
ている。最新の数値を用いるのがよ
い。

　図2-1-1は、延べ面積に対する受

[表2-1-1] 負荷密度の例

単位：VA/m²

負荷 建物種別		電灯	一般 動力	空調 動力	一般コン セント	OAコン セント	計
事務所ビル	従来の ビル	20〜25	40〜45	40〜45	5〜10	-	105〜125
	インテリ ジェント ビル	20〜25	30〜35	40〜50	5〜10	20〜40	115〜160
ホテル		70〜80	30〜35	30〜40		-	130〜155
デパート		54	48			-	102
スーパー		60	67			-	127
店舗		49	47			-	96
学校		27	15			-	42

【引用・参考文献】建築設備士受験の総合対策・電気設備編集委員会 編『建築設備士
　受験の総合対策－電気設備編－（改訂11版）』

変電設備の負荷設備容量の関係を解析した例である。事務所ビルの場合、次の一次回帰式より、概
算容量を求めることができる。変圧器の容量は負荷設備容量に80%程度の需要率を乗じたものと
する。

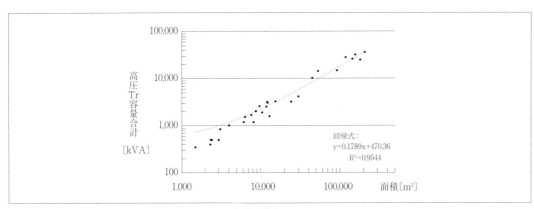

回帰式：
$y = 0.1789x + 470.36$
$R^2 = 0.9544$

[図2-1-1] 貸事務所における延べ面積と変圧器の負荷設備容量
【引用・参考文献】新築ビルディング電気設備データベース　D&Dデータ 2015　https://dd-building.jp/

③ 延べ面積による発電機の概算容量の算定（事務所ビルの場合）

　　　発電機の概算容量〔VA〕＝20〔VA/m²〕×延べ面積〔m²〕

④ 延べ面積による蓄電池の概算容量の算定（延べ面積10 000m²以上の場合）

　　　蓄電池の概算容量〔Ah〕＝0.02〔Ah/m²〕×延べ面積〔m²〕

（2）　電気関係諸室のスペース

①　受変電室のスペースの算定

延べ面積と受変電室のスペースの目安は**図2-1-2**、天井高さは**表2-1-2**による。

②　発電機室のスペースの算定

延べ面積と発電機室のスペースの目安は**図2-1-3**、天井高さは**表2-1-3**による。

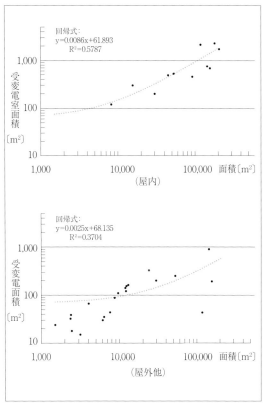

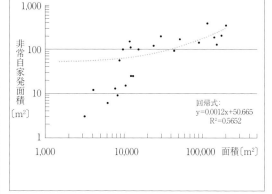

［図2-1-3]　発電機室面積
【引用・参考文献】新築ビルディング電気設備データベース
D＆Dデータ2015　https://dd-building.jp/

［表2-1-3]　天井高さ

発電機容量	天井有効高さ	重量
50kVA以下	3m以上	3 400kg以下
250kVA以下	3.5m以上	6 500kg以下

［図2-1-2]　受変電室面積
【引用・参考文献】新築ビルディング電気設備データベース
D＆Dデータ2015　https://dd-building.jp/

［表2-1-2]　天井高さ

電圧種別	天井有効高さ
高圧	3m以上
特別高圧 （30kV以下）	4.5m以上
特別高圧 （60kV以上）	5.5m以上

③　EPSのスペースの算定

分電盤、電話用端子盤、ケーブルラックなどを収容する室をEPS（Electrical Piping Shaft）と呼ぶ。延べ面積が3000m²を超える建築物は800m²程度ごとにEPSを設けるようにしている。そのスペースの合計値は延べ面積の0.6〜0.8％程度を目安としている。

EPSは空調、給排水、消火設備の配管が混在しないようにして、電気系への水損事故の防止を図る。分電盤、端子盤の前面のスペースは1.2m程度取ることが望ましい。

(1) 分電盤の受持面積

① 1面の受持面積は、その階の床面積を300〜700m²程度として計画する。

② 分電盤から端末負荷までの距離は、最大30m程度に抑え、電圧降下を小さくする。

(2) 電話用端子盤の受持面積

① 端子盤は半径20m以内に1面程度として計画する。

② 端子盤から20m以上の配管となる場合には、途中に配線の改修工事が容易に行えるようにボックスを設ける。

(3) 光アクセス装置の設置面積

光ファイバで引き込む場合は、光アクセス装置の設置面積は収容回線数に応じ、**表2-1-4**のように計画するとともに、通信会社との協議によるものとすること。

[**表2-1-4**] 光アクセス装置（RT：Remote Terminal）の収容スペース

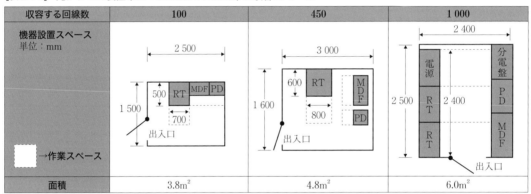

(4) 中央監視室・防災センター

ビルの規模が大きくなるに従い、設備機器の監視制御点数が多くなる。コンピュータによるコントロールシステムと防災監視システムの中枢機関として、中央監視室と防災センターを同一スペースにすると機能的かつ経済的である。

建築計画において、中央監視室・防災センターのスペース（面積）および位置の立案は欠かせない。**表2-1-5**はスペースの目安を示したものである。また、位置は一般に避難階、2階または地下1階とし、消防車のとまる位置（寄り付き）から距離30m以内とする。

[**表2-1-5**] 中央監視室または防災センターのスペース等の目安

建物の規模	延べ3 000m²	延べ5 000m²	延べ15 000m²
室のスペース	5m²	15〜20m²	35m²以上
監視制御点数	30点以下	30〜100点	300点以上

※ 都道府県の指針等で、最小面積等を規定しているので、確認を必要とする。

(5) 電話交換機械室および中継台室

① 電話交換機はキャビネットに収容する。延べ面積が3 000m²以下の場合は事務室に設置する。

② 交換手が必要な場合は、専用の中継台室を設ける。

(6) 電気設備関連コスト

ビルの計画、設計、運用において、総合的なコストバランスが欠如しているものは実用的でない。設計、工事および保守に携わるものは常にコスト感覚を失わないようにする。

① 建設工事費に占める電気設備工事費の割合

図2-1-4は電気設備工事費が建設工事費全体に対してどの程度を占めるかを表したものであり、建物の用途、規模によって異なる。

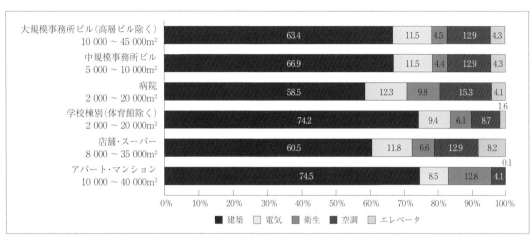

[図2-1-4] 鉄筋コンクリート造・鉄骨鉄筋コンクリート造建設費の内訳

② 電気設備工事費の構成

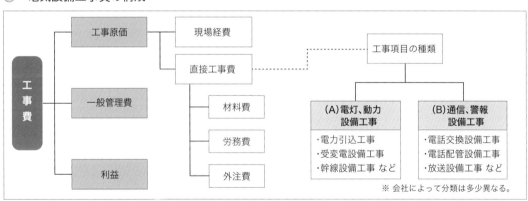

[図2-1-5] 電気設備工事費積算の構成内容

③ 維持管理費用

・ 電気主任技術者による保守費用
・ 電話工事担任者による保守費用
・ 電力料金
　事務所ビルの延べ面積あたりの年間電力使用量を $63.8 \times (0.8 \sim 1.3)$〔$\mathrm{kWh/年 \cdot m^2}$〕とすると、10 000m² のビルの場合、およそ 640 000 kWh/年 となるので、これに電力量単価〔円/kWh〕を乗じて電力量料金を求め、基本料金と消費税を加えて支払料金(電力料金)とする。
・ 電話料金
・ 維持管理費(定期点検・保守費、運転・日常点検保守費)

(1) 低圧引込みの契約容量の算定

各電力会社の約款等を確認したうえで契約容量を算定する。

① 従量電灯契約……電灯コンセント負荷設備に対する契約

・**契約種別**

6kVA以上50kW未満の契約容量は従量電灯Cとなる。6kVA未満の場合は従量電灯Bまたは Aとなる。

動力負荷が大きく、電灯コンセント負荷との合算した容量が50kW以上の場合は、高圧引込みの業務用電力契約となる。

・**容量の算定**

設計図面が完成すれば、負荷の詳細がわかるので、それをもとに入力換算（表2-1-11参照）して容量〔kVA〕を求める。貸事務所ビルのように負荷の内容が不明確な場合は、表2-1-10右欄の想定容量〔VA〕に、分電盤の分岐回路（実装された配線用遮断器20A用）を乗じて求める。

[**表2-1-6**] 総負荷に対する係数

最初の6kVAにつき	100%
次の14kVAにつき	85%
次の30kVAにつき	75%
50kVAを超える部分につき	65%

たとえば、分岐回路が8回路の分電盤は、$8 \times 0.92 = 7.36$〔kVA〕となる。分電盤の合計容量が25kVAのとき、**表2-1-6**より、$6 + (14 \times 0.85) + (5 \times 0.75) = 21.65$〔kVA〕となり、これが契約電力の容量となる。

② 低圧電力契約……動力負荷設備に対する契約

・**入力換算法**

三相200Vの電動機については、入力換算表（表2-1-16参照）を用いると簡単である。その他の場合はkW表示に1.25倍、電熱器は1.0倍としたものを入力換算値としてkWで表示する。ただし、機器の銘板に定格消費電力が表示されている場合は、それを入力（〔VA〕または〔W〕）とする。

・**容量の算定**

例として、電動機（15kW、11kW、5.5kW）および電熱器（3kW）という負荷があったときの契約電力の容量を求める。入力換算すると、18.75kW、13.75kW、6.88kWおよび3kWとなり、**表2-1-7**に従って計算すると合計は41.89kWとなる。

さらに、**表2-1-8**より、$(6 \times 1.0) + (14 \times 0.9) + [(41.89 - 20) \times 0.8] = 36.1$〔kW〕が低圧電力契約の容量となる。

電灯容量（上記①）を負荷のひとつとして計算した場合に50kWを超えていれば、(2)の高圧引込みとなる。

[**表2-1-7**] 総入力に対する条件

最大の入力のものから	最大の2台の入力	100%
	次の2台の入力	95%
	その他のものの入力	90%

[**表2-1-8**] 表2-1-7の値の合計に対する係数

最初の6kWにつき	100%
次の14kWにつき	90%
次の30kWにつき	80%
50kWを超える部分につき	70%

(2) 業務用電力（高圧引込み、特別高圧引込み）の契約容量の算定

電力会社から受ける電力の最大値が50kW以上になると、「業務用電力」契約と呼ばれ、50kW以

上2 000kW未満の場合は高圧の引込み契約、2 000kW以上の場合は特別高圧の引込み契約となる。ただし、電力会社との協議によっては弾力運用可能(2 000kWを超えて高圧引込)となる場合もある。

工場や倉庫では、電灯負荷が動力負荷に比べて極めて少ない。その場合は「高圧電力AまたはB」の契約となる。一般のビルでは、最大電力が50kW以上の場合に、「業務用電力」の契約となる。

① 契約電力が500kW未満の場合の計算例

契約電力の算定は電力会社が発行している電気供給約款に明記されている。以下、東京電力管内の計算方法を例に述べる。

・契約負荷設備による方法

（イ）　電灯については、電気供給約款取扱細則に基づく入力換算値（表2-1-11）、コンセントについては1受口を50VA（住宅、病院、学校など）、他は100VAとして合計する。その他、分岐回路数×平均負荷設備容量より求めたものを、ひとつの契約負荷設備とみなす方法もある。

（ロ）　動力については、表2-1-16の入力換算した容量をそれぞれ契約負荷設備とする。

（ハ）　（イ）と（ロ）の全体の最大容量から圧縮、低減する係数を乗じたものを契約電力として計算する。

・契約受電設備による方法

前述の「契約負荷設備」にすると、負荷の容量に増減が生じる度に、契約電力の変更手続がわずらわしくなるため、多くの場合は「契約受電設備」により契約電力を決めている。

（イ）　変圧器の総容量を求める。単相変圧器のV結線、△結線による場合は、その群容量とし、高圧電動機は表2-1-16により入力換算する。以上の合計を契約受電設備とし、（ロ）の計算を行う。

（ロ）　契約受電設備の総容量は1〔VA〕＝1〔W〕とし、次の**表2-1-9**の圧縮係数を乗じる。

たとえば、単相変圧器50kVA×1台、三相変圧器100kVA×1台の場合、50×0.8＋50×0.7＋50×0.6＝105となり、契約電力は105kWとなる。

図2-1-6は、表2-1-9の計算方法を用いた場合の概略契約電力値である。

[表2-1-9]　圧縮係数

最初の50kVAにつき	80%
次の50kVAにつき	70%
次の200kVAにつき	60%
次の300kVAにつき	50%
600kVAにつき	40%

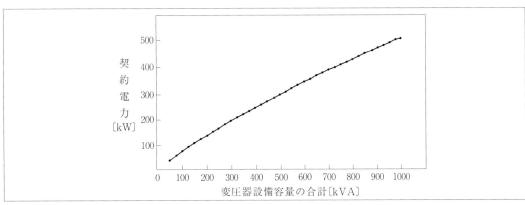

[図2-1-6]　契約電力図

② 契約電力の実量制について

初年度以降は、電力の需要実態を最大需要電力量計（デマンドメータ）の設置で把握し、その実積をもとに契約電力を月ごとに実量的に扱う方法で算定されている。

4 電灯コンセント用変圧器容量

(1) 電灯コンセント用変圧器の容量

① 需要率の選定

表2-1-10に変圧器容量算定に最も重要な需要率を示す。

変圧器は、その負荷である設備容量に適合したものでなければならない。変圧器容量よりも負荷容量が過大であると、過負荷による機器の寿命低下、過熱による故障を招く。また、逆に過大な変圧器容量であれば、イニシャルコスト、ランニングコストの増大をもたらす。

最大負荷容量を検討するうえで、需要率の選定は欠かせない。変圧器容量を求める計算式を次に示す。

$$変圧器容量〔kVA〕＝\sum（設備容量×需要率〔\%〕）＋将来増設容量$$

[**表2-1-10**] 電灯コンセント需要率表

建物種別＼負荷種別	需要率DF〔%〕			100V　1回路の想定容量〔VA〕*
	電灯	コンセント	専用コンセント	
事務所	80	40	80	920
ホテル	70	40	80	880
商業施設	90	40	80	930
病院	70	30	80	860
住宅	80	30	80	990（集合）
				770（戸建）

※1： 用途が不明なコンセントは1箇所（2受口）につき150VAとみなす。
※2： *は分電盤1回路の想定容量を概算するときに用いる。
※3： 事務所のコンセントが0.1個/m²の場合の値。

② 電灯コンセントの負荷

・ランプの容量

ランプの表示はW数で表示されている。LEDランプの場合は、カタログで機器ごとの値を確認する必要がある。白熱電球はW＝VAとし入力換算できるが、蛍光灯、HIDランプなどは安定器における電力損失を考慮した入力換算が必要である（**表2-1-11**）。

・コンセントの容量

内線規程により、コンセントは1受口でも2受口でも、1ボックスにつき150VAとみなす。

ただし、エアコン、コピー機など専用コンセントにより使用するものは、その定格消費電力〔W〕をそのまま換算容量〔VA〕とする。

・単相電動機の容量

単相電動機でコンデンサがあるものの入力換算容量は、**表2-1-12**による。

[**表2-1-11**] 電灯の入力換算容量

負荷（表示W数）		入力換算容量
蛍光灯	高力率（40W）	60VA
	低力率（20W）	40VA
水銀灯（高力率型）	100W	150VA
	200W	250VA
	300W	350VA
	400W	500VA
	700W	800VA
	1 000W	1 200VA

【引用・参考文献】東京電力エナジーパートナー株式会社「特定小売供給約款」をもとに作成

[**表2-1-12**] 単相電動機の入力換算容量

定格出力	入力換算容量
100W	250VA
200W	400VA
400W	600VA
750W	1 000VA

※ 換気扇などで100W以下のものは、コンセントとして計算する。

(2) 電灯コンセント用変圧器の容量算定例

図2-1-7のような事務所ビルの分電盤負荷の場合、次のようにして入力換算容量〔VA〕を求める。

① 分電盤負荷の計算

まず、照明負荷（電灯負荷）を求める。照明負荷の容量は表2-1-11を用い、図2-1-7の各回路ごとにカッコ内のように求める。なお、換気扇はコンセント接続であるから、150〔VA/台〕として便宜上照明負荷として加算している。したがって、図中①、②、③の合計で、4 660VAとなる。

次に、コンセント負荷は、図中④、⑥の合計で、1 800VAとなる。

最後に、専用コンセント負荷は図中⑤のみで、1 000VAである。

② 変圧容量算定表による計算

表2-1-13の中に上記で求めた各容量を記入し、表2-1-10の需要率を用いて計算する。2L、3Lは1Lと同じ方法で求めた、他の分電盤とその負荷である。

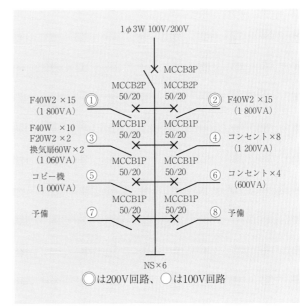

[**図2-1-7**] 分電盤「1L」の詳細図

[**表2-1-13**] 単相変圧器容量算定表

幹線番号	分電盤記号	負荷名称	入力〔VA〕	需要率〔%〕	最大需要電力〔kVA〕	単相用変圧器容量(1Φ3W100V/200V)〔kVA〕
GL-1	1L	電灯	4 660	80	3.7	※左記のほかに、将来増設容量を見込み、定格容量変圧器を選定する。その場合、計算値が定格値の10%を超えないものとする。
		コンセント	1 800	40	0.7	
		専用コンセント	1 000	80	0.8	
GL-1	2L	電灯	8 400	80	6.7	
		コンセント	6 000	40	2.4	
		専用コンセント	1 500	80	1.2	
GL-2	3L	電灯	10 320	80	8.3	
		コンセント	9 000	40	3.6	
		専用コンセント	3 500	80	2.8	
		合計	46 180	-	30.2	30

③ 変圧器容量の選定

表2-1-13の結果より、この場合は、単相変圧器の容量が30kVAのものを選ぶ。容量が100kVA以上になる場合は、内線規程により、設備不平衡率を考慮して2台以上に分割する。

また、変圧器はメーカーにおいて標準品として製造している機器の中から選択する。6 000V用標準変圧器の定格容量には、30、50、75、100、150、200、300kVAがある。

5 動力用変圧器容量

(1) 動力用変圧器の容量

① 需要率の選定

動力用変圧器は動力の負荷（1kW＝1.25kVAと換算する）に、**表2-1-14**の需要率DF〔％〕を考慮して次の式より決める。

$$変圧器容量＝\Sigma(動力容量〔kW〕×1.25×需要率〔％〕)＋将来増設容量〔kVA〕$$

[表2-1-14] 動力需要率

設備	機器名	需要率DF〔％〕	設備	機器名	需要率DF〔％〕
衛生	揚水・汚水・雑排水ポンプ	30	空調	小型エアコン	85
	プールろ過ポンプ	100		冷温水・冷却水ポンプ、冷却塔	100
	給湯ボイラー、給湯ポンプ	30		冷却水補給水ポンプ	10
	浄化槽（ブロアー以外）	30		電気集塵器	50
	浄化槽ブロアー	100		ボイラーおよび温水循環ポンプ類	0
	湧水ポンプ	0	防災	消火ポンプ、排煙ファン、シャッター	0
換気	給気ファン、排気ファン	100	運搬	エレベータ	80
空調	冷凍機（全種）、冷温水発生機	80		小荷物専用昇降機	40
	パッケージファン、外調機	100		エスカレータ	90
	パッケージコンプレッサ、ヒータ	80		立体駐車場機械	60

② 動力の負荷

・電動機の容量

三相200V電動機の出力は、**表2-1-15**の換算率を用い入力を求める。参考に単相、高圧の電動機の場合も記しておく。

表2-1-16は、三相200Vの電動機の入力換算率を125％としたもので、1kW＝ 1.25kVAとしている。インバータ、多極電動機の場合は、1.4kVAとするとよいが、使用する電動機のメーカー資料の値を用いることが望ましい。

・電熱器の容量

電熱器については、換算率を100％とする。

・エレベータの容量

最近のエレベータは、電動機の回転数をインバータにより制御しているものが多い。その場合、電動機の容量はメーカーによって多少変動する。標準型エレベータ以外のカタログに記載されていない仕様の場合は、メーカーと話し合って算定することが望ましい。

[表2-1-15] 電動機の入力換算率

負荷設備の出力〔kW〕	換算率〔％〕
単相電動機	133
三相電動機	125
高圧電動機	117.6

【引用・参考文献】東京電力エナジーパートナー株式会社「電気需給約款［高圧］」をもとに作成

[表2-1-16] 三相200V電動機の換算早見表

電動機の出力〔kW〕	電動機の入力〔kVA〕
0.2	0.25
0.4	0.5
0.75	0.94
1.5	1.88
2.2	2.75
3.7	4.63
5.5	6.88
7.5	9.38
11.0	13.75
15.0	18.75
19.0	23.75
22.0	27.5

(2) 動力用変圧器の容量算定例

表2-1-17のように、所定の負荷など必要事項を記入し計算する。ただし、次に示す内容に注意

すること。

① 容量換算における検討事項

- 小容量の電動機は表2-1-16の入力換算値より大きな入力容量となるので、台数が多い場合には、JIS C 4201の特性表（内線規程の付録3-7-1）を用いて、効率・力率を考慮する。
- 特殊な負荷はメーカーの技術資料をもとに入力容量を算出する。エレベータ、冷凍機およびウォーターチリングユニットについては、内線規程の付録3-7-5、3-7-6を参照のこと。
- 工場用動力は工場の種別、用途により異なる。需要率については、工場の関係者と十分検討すること。

② 容量の記入上の留意点

- 冬期と夏期に分けて用いる場合は、負荷容量がより大きくなるほうを用いて計算する。
- メーカーによる値が不明の場合、入力値は表2-1-16の換算値を用いる。メーカーの電動機の銘板による数値がわかっている場合は、それを用いる。
- エレベータの容量はメーカー仕様に従って検討する。
- 消火ポンプのように平常時運転しないもので、変圧器を他の一般用負荷と共用するときは、需要率をゼロとする。その他の一般負荷の需要率は表2-1-14を用いる。

[表2-1-17] 三相変圧器容量算定表

幹線番号	制御盤記号	負荷名称	使用期間	定格出力(kW)	入力換算率(%)	入力(kVA)	需要率(%)	最大需要電力(kVA)	三相変圧器容量(3Φ3W200V)(kVA)
GP-1	1P-1	パッケージコンプレッサ	夏	7.5	140	10.5	80	8.4	メーカーの資料を参考とする。
GP-1	1P-1	パッケージファン	通年	2.2	125	2.75	100	2.75	※左記のほかに将来増設容量を見込む。
GP-1	1P-1	冷却水ポンプ	夏	2.2	125	2.75	100	2.75	
GP-1	1P-1	クーリングタワー	夏	1.5	125	1.88	100	1.88	
GP-1	1P-2	ボイラ	冬	2.0	100	2.0	0*	0*	*は夏期の負荷のほうが大きいので対象外。
GP-1	1P-2	温水循環ポンプ	冬	2.2	125	2.75	0*	0*	
EP-1	1P-3	消火ポンプ	-	3.7	125	4.63	0	0	
GP-2	1P-4	揚水ポンプ（交互同時）	通年	3.7×2	125	4.63×2	30	2.78	
GP-3	RP-1	エレベータ	通年	9.5	-	10	80	8.0	メーカーの資料を参考とする。
GP-4	1P-5	工作機械	通年	19	125	23.75	40	9.5	工場の資料を参考とする。
							合計	36.06	50

※1: 交互同時運転の場合は2台分とする。
※2: 入力〔kVA〕＝定格出力〔kW〕× 入力換算率（1.2〜1.4）

6 コンデンサ容量

（1） 低圧コンデンサ容量の算定

内線規程3335-4および資料3-3-3に、低圧三相200V誘導電動機のコンデンサ取付容量基準が設けられている。**表2-1-18**は0.2kW〜15kWの電動機1台の場合である。コンデンサを電動機2台以上で共用するような取付け方は好ましくないが、やむを得ず共用する場合は、表中の値は各電動機のコンデンサ容量の合計とする。

コンデンサの設置により受電点の力率が改善されると、基本料金が割引される。

- コンデンサの容量は、負荷の無効分より大きくしないこと。
- コンデンサ用の分岐開閉器は施設しないこと。
- 低圧進相用コンデンサは、放電抵抗器付コンデンサとする。
- 低圧コンデンサは制御盤の中に収納するのがよい。

[**表2-1-18**] コンデンサの容量早見表

三相200V誘導電動機		コンデンサ用電線太さ	コンデンサ容量（μF）	
定格出力 （kW）	規約全負荷 電流（A）	IV線、CVケーブルの 太さ（最小）	50Hz	60Hz
0.2	1.8	1.6mm	15	10
0.4	3.2	1.6mm	20	15
0.75	4.8	1.6mm	30	20
1.5	8.0	1.6mm	40	30
2.2	11.1	1.6mm	50	40
3.7	17.4	2.0mm	75	50
5.5	26	5.5mm²	100	75
7.5	34	5.5mm²	150	100
11	48	14mm²	200	150
15	65	14mm²	250	200

【引用・参考文献】JEAC8001-2016「内線規程」3335-1表、同資料3-3-3、資料3-7-7〔（一社）日本電気協会発行〕一部改変

（2） 高圧コンデンサ容量の算定

概算的に容量を求める場合は、三相変圧器の容量の約3分の1を目安とするか、単相、三相変圧器の合計容量の20％を目安とする。なお、インバータ制御を用いるものは力率が高いため、その容量は削減する。力率を85％以上に改善すると、1％あたり基本料金が1％割り引かれる。

計算式による場合は、次式により算定する。

$$Q_c = P\left\{ \sqrt{\frac{1}{(\cos\theta_1)^2} - 1} - \sqrt{\frac{1}{(\cos\theta_0)^2} - 1} \right\}$$

Q_c ： 力率改善用コンデンサ容量〔kvar〕

P ： 負荷容量〔kW〕＝皮相電力×$\cos\theta_1$

$\cos\theta_1$：改善前の負荷の力率

$\cos\theta_0$：改善目標の力率（一般的には、0.95くらいを目標とする）

- 上記の計算式を用いるにあたって、力率改善前の負荷の力率を調査すること。
- 力率は、毎日午前8時から午後10時までにおけるひと月の平均力率（瞬間力率は進み力率のとき100％とする）による。
- 平均力率〔%〕の算定は次式による。

$$平均力率〔\%〕 = \frac{有効電力量}{\sqrt{(有効電力量)^2 + (無効電力量)^2}} \times 100$$

(3) 動力用変圧器と許容インバータ容量

動力用変圧器の負荷に占めるインバータ使用負荷は、変圧器容量の40%以下が望ましい。これはコンデンサ容量を変圧器容量の3分の1とし、直列リアクトルを6%としたシミュレーションからも推奨できる。

(4) 表を用いた高圧コンデンサ容量の算定

表2-1-19を用いて、コンデンサ容量の概略値を算出できる。たとえば、負荷500kW、力率 $\cos\theta_1 = 0.75$ を $\cos\theta_0 = 0.9$ に改善する場合、表より40%を乗じる。したがって、所要コンデンサ容量は $500 \times 0.4 = 200$〔kvar〕となる。

[表2-1-19] コンデンサ容量算定表

改善後の力率 ($\cos\theta_0$)

$\cos\theta_1$	1.0	0.99	0.98	0.97	0.96	0.95	0.94	0.93	0.92	0.91	0.9	0.875	0.85	0.825	0.8	0.775	0.75	0.725	0.7	0.675
0.65	117	103	97	92	88	84	81	77	74	71	69	62	55	48	42	36	29	22	15	8
0.675	109	96	89	84	80	76	73	70	66	64	61	54	47	40	34	28	21	14	7	
0.7	102	88	81	77	73	69	66	62	59	56	54	46	40	33	27	20	14	7		
0.725	95	81	75	70	66	62	59	55	52	49	46	39	33	26	20	13	7			
0.75	88	74	67	63	58	55	52	49	45	43	40	33	26	19	13	6.5				
0.775	81	67	61	57	52	49	45	42	39	36	33	26	19	12	6.5					
0.8	75	61	54	50	46	42	39	35	32	29	27	19	13	6						
0.825	69	54	48	44	40	36	32	29	26	23	21	14	7							
0.85	62	48	42	37	33	29	26	22	19	16	14	7								
0.875	55	41	35	30	26	23	19	16	13	10	7									
0.9	48	34	28	23	19	16	12	9	6	2.8										
0.91	45	31	25	21	16	13	9	6	2.8											
0.92	43	28	22	18	13	10	6	3.1												
0.93	40	25	19	15	10	7	3.3													
0.94	36	22	16	11	7	3.6														
0.95	33	18	12	8	3.5															
0.96	29	15	9	4																
0.97	25	11	5																	
0.98	20	6																		
0.99	14																			

改善前の力率 ($\cos\theta_1$)

単位:%

(5) コンデンサの設置方法による高調波流出電流の低減効果

高調波対策のシミュレーション検討資料の**表2-1-20**、**表2-1-21**より、I_n、I_{hn} の関係がわかる。これによると、変圧器Tの二次側に低圧コンデンサを設置するほうが、高圧コンデンサを設置するより効果がある。なお、付属する直列リアクトルは低圧、高圧とも6%として検討した。

・コンデンサCの低圧側設置による流出電流低減係数（50Hzの場合）

[表2-1-20] 発生高調波電流$I_n＝1$Aあたりの低減後の流出高調波電流I_{hn}の例

3φT (kVA)	C (kvar)	I_{hn}(A)								変圧器の %Z(%)
		5次	7次	11次	13次	17次	19次	23次	25次	
50	15	0.749	0.855	0.885	0.890	0.894	0.895	0.897	0.897	2.2
75	25	0.702	0.823	0.859	0.864	0.869	0.871	0.872	0.873	2.5
100	30	0.722	0.837	0.870	0.875	0.880	0.881	0.883	0.883	2.5
150	50	0.697	0.820	0.856	0.861	0.867	0.868	0.870	0.870	2.5
200	75	0.629	0.771	0.815	0.821	0.828	0.829	0.832	0.832	3.0
300	100	0.638	0.777	0.820	0.826	0.833	0.834	0.836	0.837	3.2
500	150	0.589	0.739	0.788	0.795	0.802	0.804	0.806	0.807	4.3
750	250	0.516	0.679	0.734	0.743	0.751	0.753	0.756	0.757	5.1
1 000	300	0.531	0.691	0.745	0.753	0.762	0.764	0.767	0.767	5.2

・コンデンサCの高圧側設置による流出電流低減係数

[表2-1-21] 発生高調波電流$I_n＝1$Aあたりの低減後の流出高調波電流I_{hn}の例

SC (kvar)	I_{hn}(A)							
	5次	7次	11次	13次	17次	19次	23次	25次
15	0.995	0.997	0.998	0.998	0.998	0.998	0.998	0.998
25	0.991	0.996	0.997	0.997	0.997	0.997	0.997	0.997
30	0.990	0.995	0.996	0.996	0.996	0.996	0.996	0.996
50	0.983	0.991	0.993	0.994	0.994	0.994	0.994	0.994
75	0.974	0.987	0.990	0.990	0.991	0.991	0.991	0.991
100	0.966	0.983	0.987	0.988	0.988	0.988	0.988	0.988
150	0.950	0.974	0.980	0.981	0.982	0.982	0.982	0.982
250	0.920	0.958	0.967	0.969	0.970	0.970	0.971	0.971
300	0.905	0.950	0.961	0.963	0.964	0.965	0.965	0.965

7 発電機容量

(1) 発電機の負荷

発電機および蓄電池は、建築基準法および消防法により、建物の用途・規模によって防災用予備電源として設置が義務付けられている。また、災害等によるインフラ途絶時を考慮して、保安上必要と考えられる負荷に対して電源供給できるようにすることは非常に有益である。**表2-1-22**に、法規上必要な負荷と保安上考慮すべき負荷の例を列記した。

[表2-1-22] 予備電源を必要とする負荷の例

法令等	負荷の名称	法令の条項	発電機	蓄電池	最低供給時間
建築基準法	非常用照明	令126条の4、5	○	○	30分間
	避難階段および特別避難階段の照明	令123条	○	○	〃
	非常用進入口灯	令126条の6、7	○	○	〃
	防火戸・防火シャッター	令112条	○	○	〃
	排煙設備	令126条の2	○	○	30分間
	非常用エレベータ	令129条の13の3	○	-	1時間
消防法	屋内消火栓設備	規12条	◉	○	30分間
	スプリンクラー設備	規14条	◉	○	〃
	水噴霧消火設備	規16条	◉	○	〃
	泡消火設備	規18条	◉	○	〃
	屋外消火栓設備	規22条	◉	○	〃
	二酸化炭素消火設備	規19条	○	○	1時間
	ハロゲン化物消火設備	規20条	○	○	〃
	粉末消火設備	規21条	○	○	〃
	非常コンセント	規31条の2	○	○	30分間
	排煙設備	規30条	◉	○	30分間
	自動火災報知設備	規24条	-	◉	10分間
	ガス漏れ火災警報設備	規24条2の3	-	◉	〃
	非常警報設備	規25条の2	-	◉	〃
	無線通信補助設備	規31条の2の2	-	◉	30分間
	誘導灯	規28条の3	-	○	20分間*
保安上	照明およびコンセント（重要箇所）	-	○	○	必要に応じた時間
	空調（重要箇所）	-	○	-	〃
	衛生（給排水）	-	○	-	〃
	昇降機	-	○	-	〃
	制御および防災関係	-	○	○	〃

※1： ◉は非常電源専用受電設備でも可（ただし特定防火対象物で1 000m²以上のものを除く）。
※2： 都道府県条例による設置基準は省略している。
※3： 70mを超える高さの連結送水管の加圧装置の最低供給時間は2時間。
*大規模・高層の防火対象物の主要な避難経路は1時間（20分を超える時間における作動容量は発電機でも可）。

(2) 発電機と蓄電池の選択

消防庁告示基準、国土交通省通達等に定められている自主認定制度による規格のものを使用する。

・発電機のほうが望ましい負荷

三相200V負荷および非常用照明（白熱灯）のように交流単相2線100Vを使用するもの。

・蓄電池のほうが望ましい負荷

容量が比較的小さいもの、器具、盤類の中に収納できるもの、保守が容易な場合に使用するもの。

(3) 発電機容量の算定基準

一般に発電機の容量は、発電機の定格出力〔kVA〕または〔kW〕で表示する。発電機は建築基準法、消防法で定められた負荷に対して供給する非常電源装置である。算定の方法は総務省消防庁

消防予第100号（昭和63（1988）年8月1日）および消防予第178号（平成9（1997）年11月10日）（一部改正）によって定められているが、地方自治体によっては別途基準を設けている場合がある。

（4） 負荷の内容の把握

- （種類）ポンプ、ファン、CVCF、照明、エレベータなど
- （始動方法）直入、スターデルタ、コンドルファ、可変電圧など
- （配電方式）単相、三相、100V、200V、電源周波数など

（5） 発電機容量算定のための計算式

表2-1-23において、発電機の算定容量と原動機の出力の両方を満たす定格容量の機種を選定する。

[**表2-1-23**] 発電機容量の算定

条件			計算式	備考
発電機	定常負荷出力係数	$RG1$	$1.47 \times D \times Sf$ $\cdots\cdots$ (1) $\Delta P = A + B - 2C$ $Sf = 1 + 0.6 \times \Delta P / K$	全負荷運転時の容量
	許容電圧降下出力係数	$RG2$	$\dfrac{1 - \Delta E}{\Delta E} \times xd'g \times \dfrac{k_s}{Z'_m} \times \dfrac{M_2}{k}$ $\cdots\cdots$ (2)	負荷投入時の電圧降下による容量
	短時間過電流耐力出力係数	$RG3$	$\dfrac{f_{v1}}{KG_3} \times \left\{ 1.47 \times d + \left(\dfrac{k_s}{Z'_m} - 1.47 \times d \right) \dfrac{M_3}{k} \right\}$ $\cdots$ (3)	負荷投入時の始動電流による容量
	許容逆相電流出力係数	$RG4$	$\dfrac{1}{0.15 \times K} \sqrt{(H - RAF)^2 + \{1.47 \times (A+B) - 2.94 \times C\}^2 \times (1 - 3u + 3u^2)}$ $\cdots$ (4) $u = \dfrac{A - C}{\Delta P}$ $H = \dfrac{1.3}{2.3 - \dfrac{R}{K}} \times \sqrt{(0.355 \times R_6)^2 + (0.606 \times R_3 \times hph)^2}$ $hph = 1.0 - 0.413 \times \dfrac{RB}{RA}$ $RAF = \max.(0.8 \times ACF,\ 0.8 \times H)$	発電機の許容逆相電流による容量
原動機	定常負荷出力係数	$RE1$	$1.3 \times D$ $\cdots\cdots$ (5)	全負荷運転時の容量
	許容回転数変動出力係数	$RE2$	$\left\{ 1.025 \times d + \left(\dfrac{1.163}{\varepsilon} \times \dfrac{k_s}{Z'_m} \cos\theta_s - 1.025 \times d \right) \dfrac{M_2'}{K} \right\} \times f_{v2}$ $\cdots$ (6)	原動機の無負荷投入許容量による容量（原動機がディーゼルエンジンの場合）
	許容最大出力係数	$RE3$	$\dfrac{f_{v3}}{\gamma} \times \left\{ 1.368 \times d + \left(1.16 \times \dfrac{k_s}{Z'_m} \cos\theta_s - 1.368 \times d \right) \dfrac{M_3'}{k} \right\}$ $\cdots$ (7)	原動機の短時間最大出力による容量

発電機定格出力 $\ G(kVA) = RG \times K$	原動機定格出力 $\ E(kW) = RE \times K \times Cp$	$RG \cdot RE$ は上記 $RG1 \sim RG4 \cdot RE1 \sim RE3$ の最大値

※ 記号説明

D	：負荷の需要率	
d	：ベース負荷の需要率	
$A、B、C$	：三相各相に負荷される単相負荷容量〔kW〕	
K	：負荷の出力合計〔kW〕	
ΔE	：発電機端容許容電圧降下	
$xd'g$	：負荷投入時における発電機インピーダンス	
k_s	：始動方式による係数	
Z'_m	：負荷始動時のインピーダンス（PU）	
M_2	：電圧降下が最大となる負荷の出力〔kW〕	
M_3	：短時間過電流耐力を最大とする負荷の圧力〔kW〕	
KG_3	：発電機の短時間過電流による係数	
f_{v1}	：電圧降下による投入負荷減少係数	
KG_4	：発電機の許容逆相電流による係数	
H	：高調波発生負荷の出力合計〔kVA〕	
ε	：原動機の無負荷投入許容量〔p.u.〕	
M_2'	：負荷投入時の回転数変動が最大となる負荷の出力〔kW〕	

f_{v2}	：瞬時回転数低下による投入負荷減少係数
$\cos\theta_s$	：始動時力率
f_{v3}	：短時間過負荷減少係数
γ	：原動機の短時間最大出力
M_3'	：負荷投入時に原動機出力を最大とする負荷の出力〔kW〕
Cp	：原動機出力補正係数（62.5kVA未満は1.125、62.5kVA〜300kVAは1.06）
R	：整流機器の合計値〔kW〕
R_6	：6相全波整流器の定格出力値〔kW〕
R_3	：3相および単相全波整流器の定格出力合計値〔kW〕
RA	：基準相電源の整流器負荷合計値〔kW〕
RB	：30度位相電源の整流器負荷合計値〔kW〕
ACF	：アクティブフィルタの定格容量〔kVA〕

8 蓄電池容量

(1) 蓄電池容量の算定基準

蓄電池は、建築基準法、消防法に基づく商用電源において停電時の防災用電源として用いられるものと、監視制御用および電話交換機用直流電源装置に用いられるものがある。

電池工業会規格SBA S0601：2014「据置蓄電池の容量算出法」により、防災用蓄電池の算定方法を以下に述べる。

建築基準法による非常用照明装置、消防法による誘導灯に用いる照明器具内蔵の蓄電池および消防用設備等の盤類に内蔵の蓄電池については、関係工業会の自主認定品を使用する。

(2) 蓄電池の種類の選定

計算をする前に、蓄電池の種類を選定する。**表 2-1-24**に許容最低電圧が1.76Vの場合の、代表的な蓄電池の種類と形式および計算用の資料を示す。

[表2-1-24] 蓄電池の種類ごとの容量換算時間 K

単位：h

種類	鉛蓄電池								備考
形式	HSE				MSE※				
許容最低電圧	1.76V／セル				1.76V／セル				蓄電池は周囲温度が低いと効率が低下するので注意する
放電時間(分)	0.1	0.2	10	30	0.1	0.2	10	30	
最低蓄電池温度 25℃	0.60	0.60	0.80	1.25	0.48	0.48	0.69	1.17	通常25℃以上に確保されている場所
15℃	0.64	0.64	0.84	1.30	0.53	0.53	0.73	1.19	通常15℃以上に確保されている場所
5℃	0.71	0.71	0.89	1.39	0.57	0.57	0.79	1.25	通常5℃以上に確保されている場所（一般の屋内電気室・蓄電池室など）
−5℃	0.75	0.75	0.99	1.50	0.60	0.60	0.87	1.40	上記以外の場所（寒冷地の室内など）
分類	触媒栓式ベント形				制御弁式				
特徴	ベント形に電解液の減少を制御する触媒栓を付けたもの。触媒栓の定期的な交換が必要。				保守の取扱いが簡単で、電解液量の確認や補水が不要。				保守性能のよいMSE型の採用が多い。寿命を重視する場合は長寿命MSEの採用も検討する。
規格	JIS C 8704-1				JIS C 8704-2-1、2-2				

※ 長寿命MSEも同様とする。
【転載元・参考文献】国土交通省大臣官房官庁営繕部設備・環境課 監修、一般社団法人 公共建築協会 編集『建築設備設計基準 平成30年版』（一部改変）

(3) 計算式

- 負荷の種類： 　　　　　　　非常用照明、遮断器操作用、制御用機器の放電電流
- 蓄電池許容最低電圧： 　　　90V、95Vのいずれかとする
- 容量換算時間 K： 　　　　K_n（n番目の負荷の順次放電時間）〔h〕
- 保守率 L： 　　　　　　　0.8とする
- 容量電流 I〔A〕： 　　　　I_n（n番目の負荷の順次放電電流）〔A〕
- 容量 C〔Ah〕： 　　　　　$C = \dfrac{1}{L}[K_1 I_1 + K_2(I_2 - I_1) + K_3(I_3 - I_2) + \cdots + K_n(I_n - I_{n-1})]$〔Ah〕

(4) 非常用照明用蓄電池の場合

① 算定条件

- ・非常用照明器具の負荷: 20 000VA　負荷電流（放電電流）$I = 200$〔A〕
- ・放電時間: 30分間
- ・周囲温度: 15℃
- ・使用蓄電池とセル数: 鉛蓄電池MSE形、54セル
- ・蓄電池許容最低電圧: 95〔V〕＜ 54〔セル〕× 1.76〔V/セル〕= 95.04〔V〕

② 負荷特性図と計算

　MSE形の蓄電池、許容最低電圧1.76V/セル、周囲温度15℃、放電時間30分に適合する容量換算時間Kは、表2-1-24より、1.19である。これより容量Cを求めると、次のようになる。

$$C = \frac{1}{L}(KI) = \frac{1}{0.8} \times 1.19 \times 200 = 297.5 〔Ah〕$$

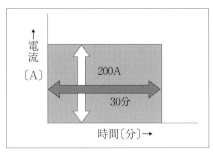

[図2-1-8] 負荷特性図

③ 蓄電池の仕様の決定

　上記より、297.5Ah以上の鉛蓄電池MSE形となるため、MSE形300Ah（10時間率）を選定する。なお、実際の設計では、設計変更などの余裕を見込んで選定するなどの配慮が必要である。

(5) 発電機を併用する非常用照明と制御、操作用を兼用する場合

① 算定条件

- ・周囲温度: 5℃
- ・使用蓄電池とセル数: 鉛蓄電池MSE形、54セル
- ・蓄電池許容最低電圧: 95V＜95.04V＝54×1.76

・負荷の内訳と放電時間

①非常用照明負荷の放電電流	150A	10分
②監視および制御用機器の放電電流	20A	10分
③遮断器の操作電流	30A	0.2分

※ 非常用照明は、10分経過後に発電機で電源供給する。

② 負荷特性図と計算

　図2-1-9の容量は、計算式

$C = \frac{1}{L}[K_1 I_1 + K_2 (I_2 - I_1)]$より求める。

　ただし、表2-1-24よりK_1はI_1を10分とすると0.79、K_2はI_2を12秒（0.2分）とすると0.57が求められる。

$$C = \frac{1}{0.8}[0.79 \times 170 + 0.57 \times (200 - 170)]$$
$$≒ 189〔Ah〕$$

鉛蓄電池MSE形200Ah（10時間率）とする。

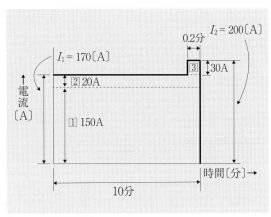

[図2-1-9] 負荷特性図

2.2 回路の計算

1 高調波流出電流と高調波抑制対策

高圧受電、特別高圧受電設備が対策の適用対象となる。以下、高圧受電設備の検討例をあげる。

(1) 抑制レベルと対策の判定

対策の要否は「高調波抑制対策技術指針」に示される判定フロー図（**図2-2-2**）による。つまり、図中「検討要否の判定」「等価容量による判定」「高調波流出電流による判定」を経て、対策が必要となった場合に、「高調波流出電流の詳細計算と抑制対策の検討」を行う。計算の結果、契約電力1kWあたりの高調波流出電流I_{hs}〔mA〕の値が上限値（基本的に5次3.5mA/kWおよび7次2.5mA/kW）を超過した場合は、抑制対策が必要となる。

算出した結果は、所定の様式に記入して電力会社に提出し、抑制対策について協議する。

(2) 計算の方法

以下は**図2-2-1**（契約電力相当値175kW）における計算例。

① 「検討要否の判定」にて、「進相コンデンサが全て直列リアクトル付」「換算係数K_i＝1.8を超過する機器なし」の条件を満足しないため、次の検討に進む。

② 「等価容量による判定」にて、6パルス等価容量P_0〔kVA〕を計算。

等価容量P_0〔kVA〕＝$\Sigma K_i P_i$〔kVA〕

「高調波抑制対策技術指針」により、換算係数K_iは、K_{33}：DCリアクトルありは1.8、K_{31}：リアクトルなしは3.4とする。

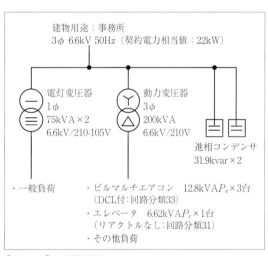

建物用途：事務所
3φ 6.6kV 50Hz（契約電力相当値：22kW）

電灯変圧器
1φ
75kVA×2
6.6kV/210-105V

動力変圧器
3φ
200kVA
6.6kV/210V

進相コンデンサ
31.9kvar×2

・一般負荷
・ビルマルチエアコン　12.8kVAP_a×3台
　（DCL付：回路分類33）
・エレベータ　6.62kVAP_e×1台
　（リアクトルなし：回路分類31）
・その他負荷

［図2-2-1］ 単線結線図

$P_0 = P_a×$台数$×K_i + P_e×$台数$×K_i =$（12.8×3×1.8）＋（6.62×1×3.4）＝91.6〔kVA〕となり、$P_0 = $91.6〔kVA〕＞50〔kVA〕（6.6kVにおける限度値）で高調波抑制対策の適用範囲となる。

③ 「高調波流出電流による判定」にて、高調波発生機器iの定格電流I_i〔mA〕の算出

$$I_i = \frac{合計容量P_i〔kVA〕}{\sqrt{3}×受電電圧〔kV〕}×1000〔mA〕$$

$$I_a = \frac{P_a}{\sqrt{3}×6.6}×1000 = \frac{12.8×3}{\sqrt{3}×6.6}×1000 = 3359〔mA〕$$

$$I_e = \frac{P_e}{\sqrt{3}×6.6}×1000 = \frac{6.62×1}{\sqrt{3}×6.6}×1000 = 579〔mA〕$$

④ 次数別高調波電流 I_{ni}〔mA〕の発生量の算出

$$I_{ni} = I_i〔\text{mA}〕\times \frac{第n次高調波電流発生量〔\%〕}{100} \times k_i（最大稼働率）〔\text{mA}〕$$

第 n 次高調波電流発生量および最大稼働率は、「高調波抑制対策技術指針」を参照。

⑤ 第5次高調波流出電流 I_5〔mA〕の算出

$$I_{5a} = 3359 \times \frac{30}{100} \times 0.55 = 554〔\text{mA}〕$$

$$I_{5e} = 579 \times \frac{65}{100} \times 0.25 = 94〔\text{mA}〕$$

$I_5 = I_{5a} + I_{5e} = 648〔\text{mA}〕$ となり、「高調波抑制対策技術指針」により契約電力相当値が300kW以下の場合は β（補正係数）を 1.0 とする。

高調波流出電流の上限値より、3.5〔mA/kW〕× 契約電力相当値220〔kW〕＝770〔mA〕＞648〔mA〕により抑制対策は不要。ここで抑制対策が必要な場合は、対策方法による計算を行う。

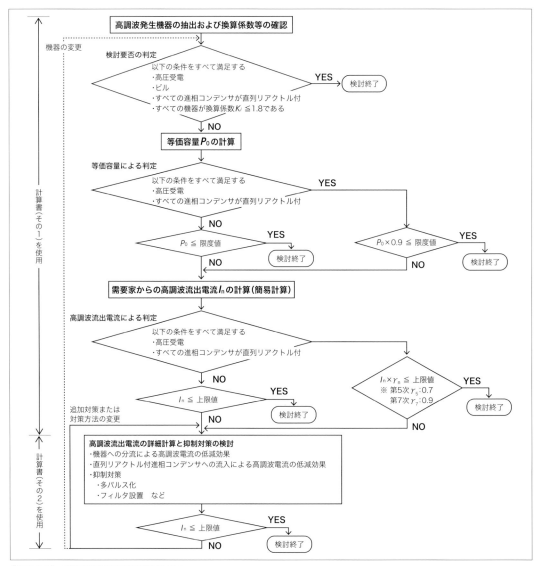

[図2-2-2] 高調波抑制対策の判定フロー

【引用・参考文献】JEAG9702-2018「高調波抑制対策技術指針」図201-1-1、図202-1-1〔（一社）日本電気協会発行〕一部改変

2 短絡電流

（1） 高圧受変電設備の短絡電流の計算

短絡電流は計算によって求めることができる。その計算方法としては、オーム法、％Z法（パーセントインピーダンス法）、％ユニットZ法がある。

（2） ％Z法による短絡電流の計算

図2-2-3の高圧受変電設備における短絡事故点$F_1 \sim F_5$の短絡電流$I_{s1} \sim I_{s5}$の計算を**表2-2-1**に示す。計算値により、短絡電流を用いて、電路の機械的強度などを検討する。また、保護装置にヒューズを用いた場合は非対称短絡電流についても検討する。

[**表2-2-1**] 短絡電流I_sの計算

条件	事故点	短絡電流	備考
受電点の短絡電流I_s〔kA〕は、電力会社と協議する（短絡電流12.5kAとするか、遮断容量P_B=250MVAとする例が多い）。	F_1	$I_{s1} = 12.5$ 〔kA〕	単相I_{s2}はI_{s1}の$\dfrac{\sqrt{3}}{2}$倍とする。
	F_2	$I_{s2} = 12.5 \times \dfrac{\sqrt{3}}{2} = 10.8$ 〔kA〕	
変圧器%Z_Tはメーカーのカタログにより%$Z_T = 3.0$〔%〕とする。電源%Z_0は下式より求められる。 $\%Z_0 = \dfrac{基準容量〔kVA〕}{受電点短絡容量〔MVA〕} \times 100$ $= \dfrac{1000}{\sqrt{3} \times 6.6〔kV〕 \times 12.5〔kA〕} \times 100$ $= 0.7$〔%〕	F_3	$I_{s3} = \dfrac{100}{\%Z_T + \%Z} \times \dfrac{変圧器容量〔kVA〕}{\sqrt{3} \times 0.21〔kV〕}$ $= \dfrac{100}{3 + 0.14} \times \dfrac{200}{\sqrt{3} \times 0.21} = 17\,511$〔A〕	%Z_Tは、%$X_T + \%R_T$からなるが、%$Z_T \fallingdotseq \%X_T$とする。 %Z_0は基準容量が1 000kVAの式であるから、変圧器が200kVAならば、%Zは$0.7 \times 0.2 = 0.14$〔%〕となる。
	F_4	$I_{s4} = \dfrac{100}{3.14} \times \dfrac{100}{0.21} = 15\,161$〔A〕	
インピーダンスマップ（単位〔%〕）	F_5	$\%Z_L = \%R_L + j\%X_L$ $R_L = 0.0023〔\Omega/m〕 \times 30〔m〕 = 0.069〔\Omega〕$ $\%R_L = \dfrac{R_L〔\Omega〕 \times 基準容量〔kVA〕}{10 \times (回路電圧〔kV〕)^2}$ $= \dfrac{0.069 \times 200}{10 \times (0.21)^2} = 31.3$〔%〕 $X_L = 0.00012〔\Omega/m〕 \times 30〔m〕 = 0.0036〔\Omega〕$ $\%X_L = \dfrac{0.0036 \times 200}{10 \times (0.21)^2} = 1.63$〔%〕 $\%X_M = (電動機\%リアクタンス〔%〕)$ $\qquad \times \dfrac{基準容量〔kVA〕}{電動機等価容量〔kVA〕}$〔%〕 $= 25 \times \dfrac{200〔kVA〕}{1.5〔kVA/kW〕 \times 電動機容量100〔kW〕}$ $= 33.3$〔%〕	%$Z_0 \fallingdotseq \%X_0$ %$Z_T \fallingdotseq \%X_T$ Z_Lは線路インピーダンス（図2-2-3）。 R_L、X_Lは線路の抵抗、リアクタンス。 低圧電動機の%リアクタンスは、25%とする。インピーダンスマップの並列部分のリアクタンス〔Ω〕は2.87%となる。
		合成インピーダンスZ_sは、 $\%Z_s = \sqrt{(31.3)^2 + (4.5)^2} = 31.6$〔%〕 $I_{s5} = \dfrac{100}{\%Z_s} \times \dfrac{200〔kVA〕}{\sqrt{3} \times 0.21〔kV〕} = 1\,742$〔A〕	

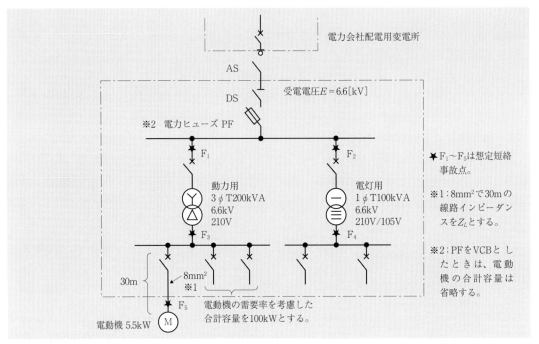

[図2-2-3] 変電設備系統図

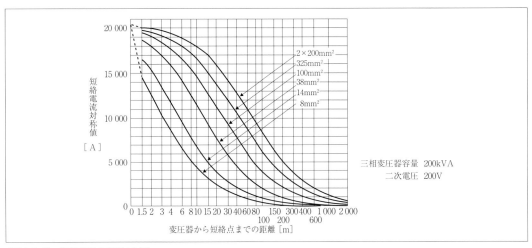

[図2-2-4] 短絡電流早見表の例

(3) 短絡電流の概略算定法

① 変圧器の%Zによる算定

変圧器二次側付近の短絡事故は、変圧器の%Z（**表2-2-2**）から求めることができる。(1) と同じ三相200kVAとすると、以下のように、表2-2-1のI_{s3}と近似値となる。

$$I_s = \frac{200}{\sqrt{3} \times 0.21} \times \frac{100}{3.04} = 18088 \text{〔A〕}$$

② 短絡電流早見図による算定

図2-2-4の8mm²の曲線上において、距離30mの場合の短絡電流対象値I_sの値はおよそ1 700となり、表2-2-1のI_{s5}とほぼ同じ短絡電流となることがわかる。

[表2-2-2] 油入変圧器の%Z

容量 (kVA)	三相 (Ω)	単相 (Ω)
50	2.23	2.68
75	2.47	2.48
100	2.45	2.76
150	2.50	2.75
200	3.04	3.02
300	3.20	3.92
500	4.25	4.26

3 幹線の電圧降下

(1) 簡略式による計算（導体抵抗増加分およびリアクタンス分を無視しても差支えない場合）

$$e = K_n \times I \times L \times \frac{1}{S} \times 10^{-3}$$

e ：相間または対地間の電圧降下〔V〕

K_n ：表2-2-3による係数

I ：最大電流〔A〕

L ：幹線のこう長〔m〕

S ：電線の断面積〔mm²〕

[表2-2-3] 係数 K_n の値

配電方式	K_n
単相2線式	35.6
単相3線式 三相4線式	17.8
三相3線式	30.8

図2-2-5の幹線を例に、電圧降下を求める。

① 電灯用幹線

単相3線200V/100Vの幹線における電圧降下 e を求める。**表2-2-3**より K_n は17.8である。

$$最大電流 I = \frac{20〔kVA〕}{200〔V〕} = 100〔A〕$$

図2-2-5より、幹線のこう長（配線距離）は40m、電線の断面積は38mm²なので、以下のようになる。

$$e = 17.8 \times 100 \times 40 \times \frac{1}{38} \times 10^{-3}$$
$$= 1.87〔V〕$$

分電盤のところでは、196.26V/98.13Vとなる。

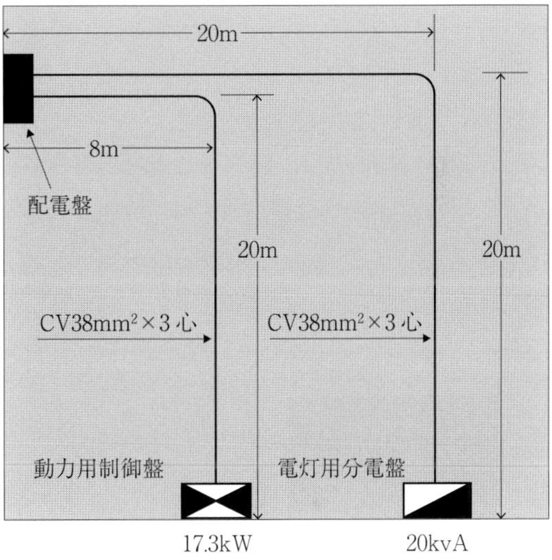

② 動力用幹線

三相3線200Vの幹線における電圧降下 e を求める。表2-2-3より K_n は30.8である。最大電流は**表2-2-4**より求めると、19.5kW以下であるから90Aとなる。電線の断面積は38mm²であるため、

$$e = 30.8 \times 90 \times 28 \times \frac{1}{38} \times 10^{-3}$$
$$= 2.04〔V〕$$

動力制御盤のところでは、197.96Vとなる。

なお、電線のこう長が長く、CVケーブルを用いる場合は、次項の基本式による方法で計算するほうが誤差がより少なくなる。

[図2-2-5] 電灯、電力用幹線配線図

[表2-2-4] 三相200V電動機用幹線の太さ

電動機の総和〔kW〕	最大電流〔A〕	CVケーブルの太さ
4.5以下	20	2mm²以上
6.3以下	30	5.5mm²以上
8.2以下	40	8mm²以上
12以下	50	14mm²以上
15.7以下	75	14mm²以上
19.5以下	90	22mm²以上
23.2以下	100	22mm²以上
30以下	125	38mm²以上

【引用・参考文献】JEAC8001-2016「内線規程」3705-3表〔（一社）日本電気協会発行〕一部改変

(2) 基本式による計算（電線のこう長が長く、かつ大電流を扱う場合）

$$e = K_n \times I \times L \times Z \times 10^{-3}$$

e ：相間または対地間の電圧降下〔V〕

K_n ：表2-2-5による係数

I ：最大電流〔A〕

L ：幹線のこう長〔m〕

Z ：ケーブルのインピーダンス〔Ω/km〕（表2-2-6）

[表2-2-5] 係数 K_n の値

配線方式	K_n
単相2線式	2
単相3線式 三相4線式	1
三相3線式	$\sqrt{3}$

表2-2-6 の R を直流抵抗で扱う場合、50Hz、60Hz の電源周波数で、かつ500mm²以上の断面積を有する電線を用いるときには、表皮効果による補正係数を用いる。

[表2-2-6] Z の値

$Z = R\cos\theta + X\sin\theta$	
R	電線1kmあたりの抵抗〔Ω/km〕
X	電線1kmあたりのリアクタンス〔Ω/km〕
θ	力率角

(3) 電圧降下図表による方法

力率を考慮した電圧降下図表（**図2-2-6**、**図2-2-7**）を用いる方法もある。いずれも50Hz・金属管工事の例で、縦軸の電圧降下〔V〕は電流×電線のこう長＝10 000〔A・m〕あたりの数値を示す。電線の呼称30、50、80、125は使用しない。

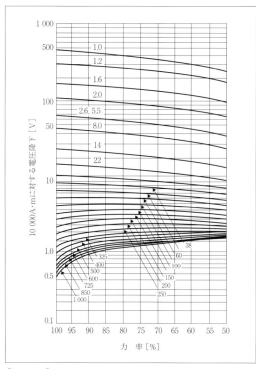

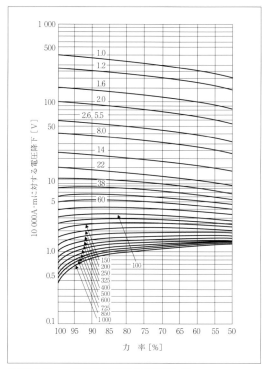

[図2-2-6] 電圧降下図表（単相・直流2線式：直流は力率100%）

[図2-2-7] 電圧降下図表（三相3線式）

4 動力用幹線電流と幹線太さ

(1) 動力用幹線の設計

電気設備技術基準等により低圧屋内幹線の施設方法が定められている。電動機のように起動電流が定格電流の6倍にも及ぶ負荷をもつ動力用幹線については、内線規程に従って計算するとよい。その際、電圧降下についても考慮すること。

① 動力幹線に用いる電線の太さは、次による。

・その幹線に接続する電動機の定格電流の合計が50A以下の場合は、その定格電流の合計の1.25倍以上の許容電流をもつ電線とする。

・その幹線に接続する電動機の定格電流の合計が50Aを超える場合は、その定格電流の合計の1.1倍以上の許容電流をもつ電線とする。

② 定格電流の不明な三相200V誘導電動機については、定格出力1kWあたり4Aとして定格電流の合計とすることができる。たとえば、電動機の合計が30kWのとき、幹線電流は120Aとすることができる。

③ 需要率、力率が明らかな負荷については、それによって修正した負荷電流の合計とすることができる。

④ 幹線の過電流遮断器(MCCBなど)の定格電流は、各電動機の定格電流の合計の3倍として考慮する。ただし、電熱器が付属されている場合は幹線の許容電流の2.5倍以下とすることができる。

(2) 動力用幹線の太さを求める方法

幹線の太さを**表2-2-7**に示す(CVケーブルは表2-2-4参照)。ただし、インバータ負荷、特殊負荷が多い場合は、メーカーに最大電流を確認すること。

[表2-2-7] 三相200V電動機用幹線の太さおよび器具の容量(配線用遮断器の場合)

電動機kW数の総和	最大使用電流	配線の種類による幹線の太さ		直入始動の電動機中最大のもの													
		電線管、線ぴに3本以下の電線を収める場合およびVVケーブル配線など		0.75以下	1.5	2.2	3.7	5.5	7.5	11	15	18.5	22	30	37	45	55
				スターデルタ始動器使用の電動機中最大のもの													
				-	-	-	-	5.5	7.5	11	15	18.5	22	30	37	45	55
〔kW〕以下	〔A〕以下	最小電線	最大こう長	過電流遮断器(配線用遮断器)容量(A)										直入始動…上欄の数字 スターデルタ始動…下欄の数字			
3	15	1.6mm	17m	20	30	40	-	-	-	-	-	-	-	-	-	-	-
				-	-	-											
4.5	20	5.5mm²	35	30	30	40	60	-	-	-	-	-	-	-	-	-	-
				-	-	-	-										
6.3	30	8	34	40	40	40	60	100	-	-	-	-	-	-	-	-	-
				-	-	-	-	60									
8.2	40	14	45	50	50	50	60	100	125	-	-	-	-	-	-	-	-
				-	-	-	-	60	75								
12	50	22	57	60	60	60	75	100	125	125	-	-	-	-	-	-	-
				-	-	-	-	60	75	125							
15.7	75	38	66	100	100	100	100	100	125	125	150	-	-	-	-	-	-
				-	-	-	-	100	100	125	150						
19.5	90	38	55	100	100	100	100	100	125	125	125	150	-	-	-	-	-
				-	-	-	-	100	100	150	150	175					
23.2	100	38	49	125	125	125	125	125	125	125	150	175	200	-	-	-	-
				-	-	-	-	125	125	125	150	175	200				
30	125	60	62	150	150	150	150	150	150	150	150	175	175	-	-	-	-
				-	-	-	-	150	150	150	150	175	225				
37.5	150	100	86	175	175	175	175	175	175	175	175	175	200	250	-	-	-
				-	-	-	-	175	175	175	175	200	225	300			
45	175	100	74	200	200	200	200	200	200	200	200	200	200	250	300	-	-
				-	-	-	-	200	200	200	200	200	225	300	350		
52.5	200	150	97	225	225	225	225	225	225	225	225	225	225	250	300	350	-
				-	-	-	-	225	225	225	225	225	225	300	350	500	
63.7	250	200	104	300	300	300	300	300	300	300	300	300	300	300	300	400	500
				-	-	-	-	300	300	300	300	300	300	300	350	500	500

※ 最大こう長は、末端までの電圧降下を2%とした。
【引用・参考文献】JEAC8001-2016「内線規程」3705-3表((一社)日本電気協会発行)一部改変

（3） 電圧降下を考慮した幹線の概略算定法

　相電流が求められた場合、電圧降下を考慮して電線の太さを決めなければならない。電圧降下を考慮した求め方には、前述の電圧降下図表による方法のほかにも、次に示す電線最大こう長表を用いる方法がある。

［表2-2-8］ 三相3線式（電圧降下2V）の電線最大こう長

電流〔A〕	単線〔mm〕		より線〔mm²〕									
	1.6	2.0	5.5	8	14	22	38	60	100	150	200	250
	電線最大こう長〔m〕											
1	129	204	345	522	888	1 400	2 370	3 800	6 430	9 800	12 500	16 100
2	65	102	172	261	444	701	1 180	1 900	3 210	4 900	6 260	8 070
3	43	68	115	174	296	467	788	1 270	2 140	3 270	4 170	5 380
4	32	51	86	131	222	351	592	951	1 610	2 450	3 130	4 030
5	26	41	69	104	178	280	473	760	1 290	1 960	2 500	3 230
6	22	34	57	87	148	234	394	634	1 070	1 630	2 080	2 690
7	18	29	49	75	127	200	338	543	918	1 400	1 790	2 310
8	16	26	43	65	111	175	296	475	803	1 230	1 560	2 020
9	14	23	38	58	99	156	263	422	714	1 090	1 390	1 790
12	11	17	29	44	74	117	197	317	535	816	1 040	1 340
14	9.2	15	25	37	63	100	169	272	459	700	894	1 150
15	8.6	14	23	35	59	93	158	253	428	653	834	1 080
16	8.1	13	22	33	55	88	148	238	401	612	782	1 010
18	7.2	11	19	29	49	78	131	211	357	544	695	896
25	5.2	8.2	14	21	36	56	95	152	257	392	500	645
35	3.7	5.8	9.9	15	25	40	68	109	184	280	357	461
45	2.9	4.5	7.7	12	20	31	53	84	143	218	278	359

※1：電圧降下が4Vまたは6Vの場合は電線こう長はそれぞれ本表の2倍または3倍となる。他もまたこの例による。
※2：電流が20Aまたは200Aの場合は電線こう長はそれぞれ本表の2Aの場合の1/10または1/100となる。他もまたこの例による。
※3：本表は力率1として計算したものである。
【引用・参考文献】JEAC8001-2016「内線規程」資料1-3-2（（一社）日本電気協会発行）一部改変

［表2-2-9］ 単相2線式（電圧降下1V）の電線最大こう長

電流〔A〕	単線〔mm〕		より線〔mm²〕									
	1.6	2.0	5.5	8	14	22	38	60	100	150	200	250
	電線最大こう長〔m〕											
1	56	88	149	226	384	606	1 020	1 650	2 780	4 240	5 420	6 990
2	28	44	75	113	192	303	512	823	1 390	2 120	2 710	3 490
3	19	29	50	75	128	202	342	548	927	1 410	1 810	2 330
4	14	22	37	57	96	152	256	411	696	1 060	1 350	1 750
5	11	18	30	45	77	121	205	329	556	848	1 080	1 400
6	9.3	15	25	38	64	101	171	274	464	707	903	1 160
7	8.0	13	21	32	55	87	146	235	397	606	774	998
8	7.0	11	19	28	48	76	128	206	348	530	677	873
9	6.2	9.8	17	25	43	67	114	183	309	471	602	776
12	4.7	7.4	12	19	32	51	85	137	232	353	451	582
14	4.0	6.3	11	16	27	43	73	118	199	303	386	499
15	3.7	5.9	10	15	26	40	68	110	185	282	361	466
16	3.5	5.5	9.3	14	24	38	64	103	174	265	338	436
18	3.1	4.9	8.3	13	21	34	57	91	155	236	301	388
25	2.2	3.5	6.0	9.0	15	24	41	66	111	170	217	279
35	1.6	2.5	4.3	6.5	11	17	29	47	79	121	155	200
45	1.2	2.0	3.3	5.0	8.5	13	23	37	62	94	120	155

※1：電圧降下が2Vまたは3Vの場合は電線こう長はそれぞれ本表の2倍または3倍となる。他もまたこの例による。
※2：電流が20Aまたは200Aの場合は電線こう長はそれぞれ本表の2Aの場合の1/10または1/100となる。他もまたこの例による。
※3：本表は力率1として計算したものである。
【引用・参考文献】JEAC8001-2016「内線規程」資料1-3-2（（一社）日本電気協会発行）一部改変

5 集合住宅の幹線電流

(1) 1住戸の負荷容量の規定

各住戸の負荷容量は、**表2-2-10**によって求めることができる。

[表2-2-10] 各戸想定最大需要電力（各戸想定負荷）設定表

区分	一般電灯コンセント（エアコン含む）	調理ヒータ等の大型機器	住宅面積対象計算（最低容量を含む）
一般集合住宅	$40〔VA/m^2〕× S〔m^2〕$	-	$40 × S + (500〜1 000)〔VA〕$ $≧ 3 000〔VA〕$
全電化集合住宅	$60〔VA/m^2〕× S〔m^2〕$	$4 000〔VA〕$	$60 × S + 4 000〔VA〕$ $≧ 7 000〔VA〕$
単身者向けなど小規模の全電化集合住宅	$60〔VA/m^2〕× S〔m^2〕$	$2 000〔VA〕$	$60 × S + 2 000〔VA〕$

※ Sは住宅専用面積〔m²〕とし、バルコニーは含まない。
【引用・参考文献】JEAC8001-2016「内線規程」資料3-6-1、3-6-2〔（一社）日本電気協会発行〕一部改変

表2-2-10のほかに、各戸の負荷容量は、住戸内の設備設計図（家電製品の容量含む）によって算出する方法と、分電盤の分岐回路数×730〔VA〕を合計容量として算出する方法（東京電力の細則）がある。深夜電力利用の電気温水器は別途容量を加算する。

(2) 需要率表の利用と計算例

幹線に接続される住戸数に対する需要率（DF）は、**表2-2-11**に示すとおりである。各住戸の想定負荷容量（P）が同一の場合には、最大負荷は$P_0 = P×(DF)$となる。

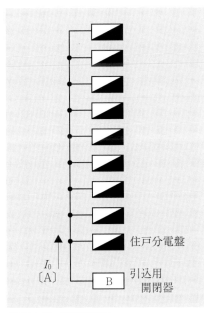

[図2-2-8] 幹線系統図
（単相3線式100V/200V）

[表2-2-11] 幹線の総合需要率（DF）表

戸数	総合需要率（%）	1住戸の想定最大負荷（kVA）	単相3線電流（A）	配線用遮断器の定格電流（A）	電線最小太さ（CVTケーブル）（mm²）
1	100	4.0	20	20	14
2	100	8.0	40	40	14
3	100	12.0	60	60	14
4	100	16.0	80	100	22
5	100	20.0	100	100	22
6	91	21.9	110	125	38
7	83	23.3	117	125	38
8	78	25.0	125	125	38
9	73	26.3	132	150	38
10	70	28.0	140	150	38
11	67	29.5	148	150	38
12	64	30.8	154	175	60
13	62	32.3	162	175	60
14	61	34.2	171	175	60
15	59	35.4	177	200	60
16	58	37.2	186	200	60
17	57	38.8	194	200	60
18	56	40.4	202	225	60
19	55	41.8	209	225	60
20	54	43.2	216	225	60

※ CVTケーブルはIC×2個より、1条布設（基底温度40℃）とする。
【引用・参考文献】JEAC8001-2016「内線規程」資料3-6-1〔（一社）日本電気協会発行〕一部改変

・1住戸の床面積は、75m²とする。

・$P = 40S + 1 000$とすると、1住戸の想定負荷容量は、4 000VAとなる。

・1幹線に住宅の専用面積が同じ住戸が9戸接続されている。

図2-2-8の幹線電流I〔A〕は、$I = \dfrac{P \times n \times DF}{200}$より求められる。たとえば、4戸を受け持つ場合は

$I_4 = \dfrac{4000 \times 4 \times 1.0}{200} = 80$〔A〕、9戸を受け持つ場合は$I_9 = \dfrac{4000 \times 9 \times 0.73}{200} = 132$〔A〕となる。

（3） 全電化集合住宅の幹線電流の計算

① 1住戸の負荷想定

表2-2-10の全電化集合住宅の計算式（$60 \times S + 4000$〔VA〕）を用いて算出する。ただし、算出した負荷想定値が7 000以下になる場合でも、負荷想定は7 000〔VA〕とする。

② 幹線の最大需要電力の想定

$P_0{'} = P \times d$〔kVA〕

dは総合需要率。**表2-2-12**より、該当する値を使用する。

③ 1住戸の深夜電力電気温水器の負荷想定

$P_w = 4.4$〔kVA〕または5.4〔kVA〕とする。

④ 深夜電力を含めた幹線の最大需要電力を含めた幹線の最大需要電力

$P_0 = (P_0{'} \times K + P_w) \times n$ 〔kVA〕……（1）

Kは一般電力の重畳率とし、**表2-2-13**を用いる。

⑤ 幹線電流

$I_0 = \dfrac{P_0}{200} \times 1000$ 〔A〕

ただし、単相3線100V/200Vとする。

［表2-2-12］ 電化集合住宅の幹線の総合需要率d

戸数	d	戸数	d
1	1.0	5	0.6
2	0.9	6〜10	0.5
3	0.8	11〜20	0.48
4	0.7	21〜	0.46

［表2-2-13］ 重畳率K

温水器の通電開始時刻〔時〕	23	0	1	2	3
重畳率	0.8	0.7	0.6	0.5	0.5

（4）幹線の設計例

1住戸の床面積Sを120m²とした場合、表2-2-10の全電化集合住宅の式より、1住戸の負荷想定Pは11.2kVAとなる。

図2-2-9の幹線電流I_0〔A〕の計算は、前述の（1）式、表2-2-12、表2-2-13より求める。たとえば、タイマーにより23時に通電されるもの（深夜電力の温水器4.4kWなど）は、表2-2-13より$K = 0.8$とする。

$P_0 = (11.2 \times 0.5 \times 0.8 + 4.4) \times 8 = 71.04$〔kVA〕

$I_0 = \dfrac{71.04 \times 1000}{200} \fallingdotseq 355$〔A〕

計算結果をもとに幹線の材料を選定する。ここでは、許容電流が355A以上の電線またはケーブルが必要となるため、600V CV-T 150×3C（許容電流415A）とする。この際、電圧降下のチェックを忘れないように注意する。

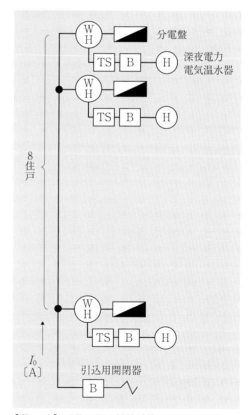

［図2-2-9］ 8住戸用の幹線系統図

幹線保護用引込開閉器は、電線の許容電流以下の定格電流の配線用遮断器400Aを選定すればよい。

6 電線・ケーブルの許容電流

(1) 600Vビニル絶縁電線 (IV電線) の許容電流

① 周囲温度と絶縁の最高許容温度

電線、ケーブルは、導体の絶縁物によってその安全性が保たれている。その絶縁物が温度上昇により絶縁劣化することを防止するため、絶縁物の最高許容温度を規定している。電線、ケーブルは電流が流れるとジュール熱により温度上昇が生じるので、周囲温度 $\theta = 30$ 〔℃〕以上の場合は、許容電流を低減して使用しなければならない。**表2-2-14**に、それらの数値を示す。

[表2-2-14] 600Vビニル絶縁電線 (IV電線) などの規定値

電線の種類	絶縁物の最高許容温度 (℃)	許容電流補正係数	許容電流減少係数 R の計算式
IV電線 VVケーブル	60	1.00	$R = \sqrt{\dfrac{60 - \theta}{30}}$
二種ビニル電線 (HIV電線)	75	1.22	$R = \sqrt{\dfrac{75 - \theta}{30}}$

② 電線管収容の許容電流減少係数

電線・ケーブルを電線管、金属ダクト、フロアダクトなどの中に収容すると、熱の放散が十分に行われず、周囲の温度が上昇するので、**表2-2-15**の電流減少係数を乗じて使用しなければならない。

[表2-2-15] 電線管収容の許容電流減少係数 S

同一管内の電線数	電流減少係数 S
3以下	0.70
4	0.63
5〜6	0.56
7〜15	0.49
16〜40	0.43

[表2-2-16] IV電線の許容電流値

電線の太さと本数	電線管	許容電流〔A〕	ベース電流〔A〕
1.6mm×3	(19)	19	27
2.0mm×3	(19)	24	27
5.5mm²×3	(25)	34	49
8mm²×3	(25)	42	61
14mm²×3	(31)	61	88
22mm²×3	(31)	80	115
38mm²×3	(51)	113	162
60mm²×3	(51)	152 [150]	217
100mm²×3	(63)	208 [202]	298
150mm²×3	(75)	276 [269]	395
200mm²×3	(75)	328 [318]	469

※ 電線管の数字は、薄鋼電線管の外径 (呼称) である。[ ] はVVケーブルの場合である。

③ 許容電流の算定

表2-2-16は、周囲温度を30℃以下とし、IV電線およびVVケーブル (三相3線式、単相3線式) 薄鋼電線管またはCD管などに収容した場合の許容電流値を示したものである。がいし引き配線における許容電流をベース電流とし、ベース電流に電流減少係数 $S = 0.70$ を乗じたものを許容電流としている。

電線の条件が異なる場合は、次のように対応する。たとえば、周囲温度が30℃以上の場合は、表2-2-14の R を乗じて求める。電線が4本以上になる場合は、表2-2-15より該当する S の値を用いる。このとき、中性線、接地線は電流減少係数 S の対象外とする。

(2) CVケーブルの許容電流

① 許容電流表

表2-2-17は、CVケーブルのケーブルラック (気中布設)・ピット・金属ダクト内 (暗きょ布設)・電線管内布設 (管の内断面の32%以内がケーブルの断面積としたもの) の許容電流を示したもので

ある。単相3線の中性線または接地線を用いる3Cは、表の2Cを参照する。また、基底（周囲）温度は30℃としているため、40℃の場合は補正係数0.88、50℃の場合は補正係数0.75を乗じる。なお、ケーブルラックの布設は、**図2-2-10**のように隙間がないようにしている。

[**表2-2-17**]　CVケーブルの許容電流（例）

公称断面積（mm²）	許容電流（A）									
	2C					3C				
	*1条	1条（電線管内）	3条	6条	12条（4列3段）	*1条	1条（電線管内）	3条	6条	12条（4列3段）
5.5	52	41	41	36	21	44	35	34	30	18
8	65	51	51	44	26	54	43	43	38	22
14	91	70	73	64	38	76	59	62	54	32
22	120	93	95	83	49	100	77	82	72	42
38	170	135	131	115	67	140	110	113	99	58
60	225	175	180	158	93	190	150	149	131	76
100	310	245	248	217	127	260	210	207	181	107
150	400	320	325	284	167	340	265	275	241	141
200	485	390	380	332	195	410	335	325	284	167

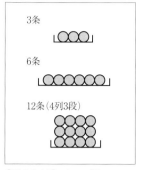

[**図2-2-10**]　ケーブルの布設図

②　基底温度による許容電流の補正

ケーブルの場合も、電線と同様に、負荷電流と周囲温度によるケーブル表面の絶縁物の温度上昇が問題となる。ケーブルの周囲温度を基底温度といい、布設方法によって基底温度はそれぞれ異なる。**図2-2-11**に布設方法別の目安値を示す。

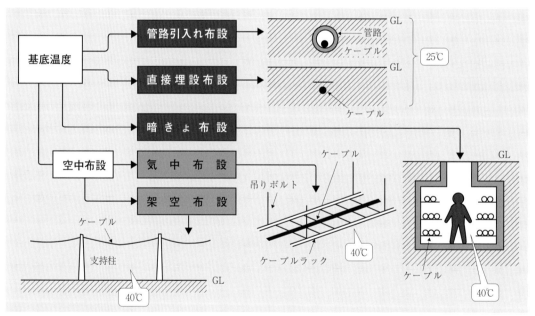

[**図2-2-11**]　基底温度の目安値

図2-2-11の値を基準基底温度と呼び、実際の基底温度がそれと異なる（20℃〜50℃）場合は、電流補正係数0.53〜0.41を乗じる（係数の詳細は日本電線工業会規格 JCS 0168-1 を参照）。

ケーブルは、種類によって導体温度（VVケーブル60℃、CVケーブルは90℃）や基底温度が異なる。また、電力会社の地中配電線路の場合は損失率などを考慮するが、ビルの場合は特に考慮しなくてもよい。

7 幹線分岐

(1) 幹線の分岐と保護

① 太い幹線から細い幹線への分岐

主幹線は、電源測に必ず過電流遮断器 B_1 (I_{B1})を設け、その幹線の許容電流 I_W 以下かつ最大負荷電流 I_L を超過したとき遮断しなければならない。

$$I_{B1} \leqq I_W \text{かつ} I_{B1} \leqq I_L$$

また、幹線が分岐する場合、その分岐箇所には必ず分岐幹線用遮断器を設けなければならない。なお、特定の条件を満たす場合は、分岐幹線(回路)用配線用遮断器(MCCB、**図2-2-12**中×印)の設置を省略することができる。図2-2-12に条件ⓐ～ⓔを図示する。

② 幹線から分岐する分岐回路

変電設備室、キュービクル変電設備、電気用幹線シャフト内などには、分電盤がないケースもあるが、保守用の照明、コンセントなどの分岐回路が必要になることがある。

その場合は、図2-2-12中ⓕのように分岐回路用MCCBを設ける。必ず両極同時に遮断されるものとし、電灯コンセント回路の分岐回路用MCCBは定格電流20Aとする。

(2) 電動機負荷が含まれる幹線

三相3線式200Vの動力用幹線は表2-2-7による。

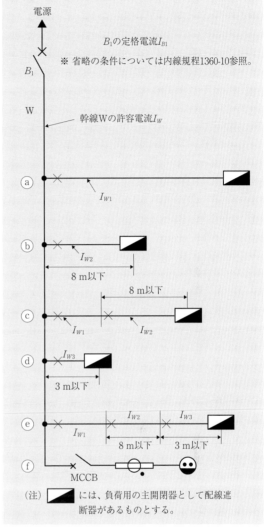

[図2-2-12] 幹線分岐と分岐回路の保護説明図

(3) 許容電流

分岐した幹線の電線、ケーブルの許容電流は、「**6**電線・ケーブルの許容電流」「**8**CVケーブルの地絡電流と短絡許容電流」を参照のこと。

(4) 特殊な幹線

超高層集合住宅、超高層ビルの幹線にはプレハブ分岐ケーブルが用いられる。また、バスダクトは超高層ビル、大工場の大電流容量の幹線に適している。

(5) 主遮断器による幹線分岐早見表

分岐する幹線は、その負荷側の最大負荷電流を超える許容電流とし、かつ電圧降下を考慮して、その太さを決める。それらを満足する分岐幹線の設計にあたっては、**表2-2-18**の早見表を用いる

とよい。主幹線の電源側遮断器の定格電流に対する許容電流の割合と分岐長さから、分岐幹線用のMCCBを省略できる電線・ケーブルを選定できる。

[表2-2-18] 幹線分岐早見表

電源側MCCBの フレーム／定格〔A〕	100%		35%（3m超過〜8m以下）			55%（8m超過）		
	IV〔mm²〕	許容電流 〔A〕	許容電流 〔A〕	IV〔mm²〕	CV〔mm²〕	許容電流 〔A〕	IV〔mm²〕	CV〔mm²〕
50／ 30	5.5	34	10.5	1.6mm	1.6mm	16.5	1.6mm	1.6mm
50／ 40	8	42	14	1.6mm	1.6mm	22	2.0mm	2.0mm
50／ 50	14	61	17.5	1.6mm	1.6mm	27.5	5.5	2.0mm
100／ 75	22	80	26.3	5.5	2.0mm	41.3	8	5.5
100／100	38	113	35	14	5.5	55	14	14
225／125	60	152	43.8	14	8	68.8	22	14
225／150	60	152	52.5	22	8	82.5	38	22
225／175	100	208	61.3	22	14	96.3	38	22
225／200	100	208	70	38	14	110	38	38
225／225	150	276	78.8	22	22	123.8	60	38
400／250	150	276	87.5	38	22	137.5	60	38
400／300	200	328	105	38	38	165	100	60
400／350	250	350	122.5	60	38	192.5	100	100
400／400	325	455	140	60	60	220	150	100

※1：600Vビニル絶縁電線（IV電線）は同一管、線ぴまたはダクト内に3本以下を収める場合である。
※2：CVケーブルは、3心1条を気中または暗きょ布設した場合である。表2-2-17参照。
※3：設計にあたっては、本表のサイズ以上を選定すること。

（6） 計算例

図2-2-13のような単相3線式100V/200Vの幹線（IV電線）の分岐点（図中ⓐ〜ⓖの×印箇所）でのMCCB要否を、表2-2-18から検討する。ただし、電圧降下は無視する。

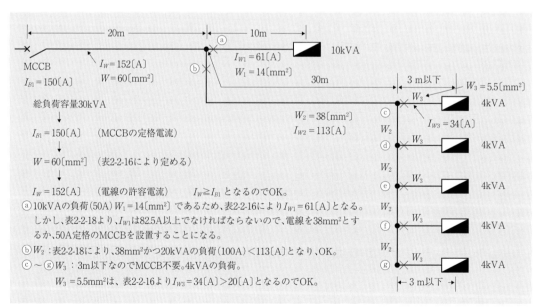

[図2-2-13] 計算例

8 CVケーブルの地絡電流と短絡許容電流

（1） 地絡電流の計算

高圧配電線は、**図2-2-14**のように非接地式配電方式であるが、1線地絡が発生するとI_gのように地絡電流が流れる。

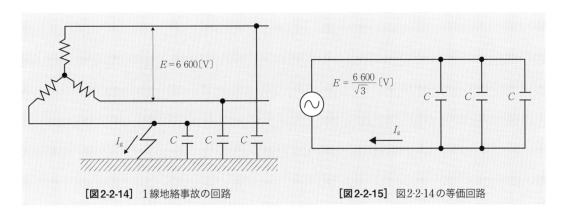

[図2-2-14] 1線地絡事故の回路　　　　**[図2-2-15]** 図2-2-14の等価回路

たとえば、図2-2-14のような6.6kVの配電線に、6.6kV 38mm^2×3CのCVケーブル2.5kmが接続されている場合の、三相3線式回路の1線地絡電流を求める。電源周波数fは50Hzとする。1C・3Cケーブルの静電容量は**表2-2-19**とする。

1導体の対地静電容量Cは、$C = 0.32 \times 2.5 = 0.8 \,[\mu \mathrm{F}]$

1線地絡電流I_gは、地絡抵抗を無視すると、

[表2-2-19] ケーブルの静電容量

断面積（mm^2）	静電容量（μF/km）
22	0.27
38	0.32
60	0.37
100	0.45
150	0.52

$$I_g = \frac{E}{X_c} = E(3 \times \omega C) = E \times 3 \times 2\pi f C$$

$$= \frac{6600}{\sqrt{3}} \times 3 \times 2 \times 3.14 \times 50 \times 0.8 \times 10^{-6}$$

$$\fallingdotseq 2.88 \,[\mathrm{A}]$$

（2） 短絡許容電流の計算および図による簡略算定法

CVケーブルの短絡時の許容電流値は、$I = 134 \times \dfrac{A}{\sqrt{t}}\,[\mathrm{A}]$で表される（**表2-2-20**参照）。ここで、Aは導体の断面積[mm^2]を、tは通電時間[秒]を示す。

受電点の遮断容量が150MVAまたは遮断電流が12.5kAであり、50Hzにおいて、VCBの全遮断時間が3サイクル、OCRの作動時間が2サイクルとすると、短絡通電時間tおよび許容電流I、導体の断面積Aは、次のようになる。

$$t = (2+3) \times \frac{1}{50} = 0.1 \,[\text{秒}]$$

$$I = 134 \times \frac{A}{\sqrt{0.1}} \geqq 12500 \,[\mathrm{A}]$$

$$\therefore \quad A \geqq \frac{12500 \times \sqrt{0.1}}{134} \fallingdotseq 29.5 \,[\mathrm{mm}^2]$$

上記計算結果より、38mm^{2}の断面積を有するケーブルを用いる。また、**図2-2-16**を用いる場合も、許容電流1.25×10^4 A、通電時間0.1秒から38mm^{2}が求められる。

2

建築電気設備の実務計算

2.2 回路の計算

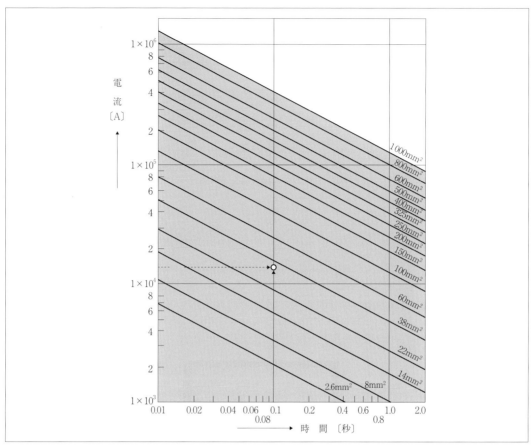

[図2-2-16] CVケーブルの短時間耐量

(3) その他のケーブルの短絡時の許容電流

表2-2-20に、CVケーブル以外の計算式を示す。

[表2-2-20] 絶縁電線・電力ケーブルの短絡時許容電流計算式

絶縁体の種類	絶縁電線・電力ケーブルの種類（記号）		導体の温度〔℃〕		短絡時許容電流計算式	
	絶縁電線	電力ケーブル	短絡時最高許容温度	短絡前の導体温度	導体：鋼	導体：アルミ
架橋ポリエチレン	OC、JC、KIC	CV、CE	230	90	$I = 134 \dfrac{A}{\sqrt{t}}$	$I = 90 \dfrac{A}{\sqrt{t}}$
ポリエチレン	OE	EE	140	75	$I = 98 \dfrac{A}{\sqrt{t}}$	$I = 66 \dfrac{A}{\sqrt{t}}$
EPゴム	JP、KIP	PN、PV	230	80	$I = 140 \dfrac{A}{\sqrt{t}}$	$I = 94 \dfrac{A}{\sqrt{t}}$

※ A：導体公称断面積〔mm²〕、t：短絡電流通電時間〔秒〕

(4) ケーブル事故と保守の要点

高圧受電設備の事故の内、ケーブル本体および端末部分の事故発生率が顕著である。保守・点検にはメガー測定と直流耐電圧（漏れ電流）測定を併用する。

CVケーブルの場合、点検の際には、「絶縁抵抗が2 000MΩ未満になっていないか」「直流漏れ電流が1μA以上になっていないか（10μA以上は不良）」などに注意して行う。

9 バスダクトの電圧降下・短絡電流・漏洩磁束

(1) バスダクトの電圧降下の計算

① 分散負荷率 f〔%〕

バスダクトの電圧降下の計算は、負荷の分布状態別の分散負荷率を用いる（**表2-2-21**参照）。

[表2-2-21] 分散負荷率

負荷分布の型	分散負荷率 f〔%〕
末端集中負荷	100
等分布負荷	50（＝1/2）
末端ほど大になる分布負荷	67（＝2/3）

※ 分散負荷率 f は線電流の2乗の平均値と送電端電流との比。

[表2-2-22] アルミ導体E-BD型絶縁バスダクトのインピーダンス（三相）

定格電流〔A〕	インピーダンス〔$\mu\Omega$/m〕	
	R：抵抗	X：リアクタンス
1 000	63.8	21.1
1 200	48.3	16.6
1 500	37.1	12.8
1 600	33.7	11.6
2 000	29.1	9.4
2 500	22.4	7.6
3 000	18.4	6.1

※ 50Hzの場合。
【引用・参考文献】共同カイテック株式会社 提供資料

② 末端の電圧降下 Δe〔V〕

末端の電圧降下は次式で求められる。

$$\Delta e = f \cdot K_1 I (R\cos\theta + X\sin\theta) L$$

Δe : 電圧降下〔V〕

I : 全負荷電流〔A〕

L : 幹線こう長〔m〕（R、Xは表2-2-22参照）

f : 分散負荷率（表2-2-21参照）

K_1 : 係数　　単相2線式線間　　　　2

　　　　　　　　単相3線式中性線間　　1

　　　　　　　　三相3線式線間　　　　$\sqrt{3}$

　　　　　　　　三相4線式線間　　　　$\sqrt{3}$

　　　　　　　　三相4線式中性線間　　1

(2) 計算例

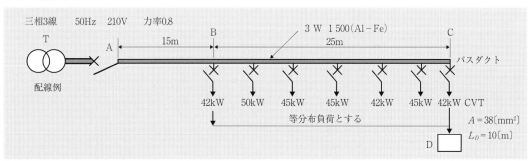

[図2-2-17] 計算例の負荷分布図

図2-2-17のような AD 間の電圧降下は、全負荷は $(42 \times 3) + (45 \times 3) + 50 = 311$〔kW〕となる。また、$I = \dfrac{311 \times 1000}{\sqrt{3} \times 210 \times 0.8} \fallingdotseq 1070$〔A〕であり、$I_D$ は同様に 145〔A〕となる。

AB 間（1項）を末端集中負荷型、BC 間（2項）を等分布負荷型、CD 間（3項）は簡易電圧降下法に分けて計算する。R、X は表2-2-22参照。

$$\Delta e = \sum [f \times \sqrt{3} \times I(R\cos\theta + X\sin\theta)L] + \frac{30.8 \times L_D \times I_D}{1000 \times A}$$

$$= 1 \times \sqrt{3} \times 1072 \times (37.1 \times 0.8 + 12.8 \times 0.6) \times 10^{-6} \times 15$$

$$+ 0.5 \times \sqrt{3} \times 1072 \times (37.1 \times 0.8 + 12.8 \times 0.6) \times 10^{-6} \times 25$$

$$+ \frac{30.8 \times 10 \times 145}{1000 \times 38}$$

$$\fallingdotseq 3.1 \text{〔V〕}$$

計算結果より、電圧降下は 210V に対し約 1.48% となる。

（3）　短絡電流の計算と機械的短絡強度

高圧受電設備の変圧器二次側の短絡電流の計算は、「**2**短絡電流」により求められる。

バスダクトの負荷で短絡事故が発生したとき、機械的強度と熱的強度の検討が必要であるが、熱的強度については、0.1秒以下の短絡電流による温度上昇は最高許容温度を超えないと考えられるため、機械的短絡強度のみ検討する。

表2-2-23は機械的・熱的短絡強度の例となるが、三相短絡による電磁力は次式から求められる。この値に対し、JIS B 1051 による組立ボルトの最小引張荷重 M8 × 4：1 450kgf × 4本 = 5 800kgf が大きい値となっており、機械的強度が保たれることとなる。

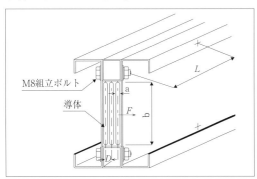

［図2-2-18］ バスダクト断面図
【引用・参考文献】共同カイテック株式会社 提供資料

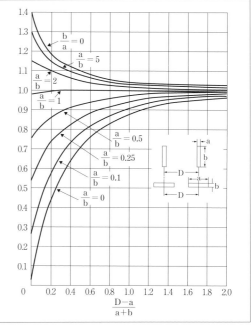

［図2-2-19］　補正係数 K
【引用・参考文献】共同カイテック株式会社 提供資料

$$F = 11.5 \times I_s^2 \times \frac{L}{D} \times 10^{-8} \times K$$

F：電磁力〔kgf〕

L：導体支持間隔〔cm〕

D：導体間隔（相間）〔cm〕

I_S：短絡電流（実効値）〔A〕

K：導体形状による補正係数

[表2-2-23] 機械的・熱的短絡強度（アルミ導体）

定格電流〔A〕	導体寸法	機械的短絡強度 I_s〔kA〕	熱的短絡強度 I_s〔kA〕		JIS規格参考値 I_s〔kA/0.1s〕
	$a \times b \times n$		0.1〔s〕	1.0〔s〕	
1 000	$8 \times 75 \times 1$	82.2	136.7	43.2	22.0
1 200	$8 \times 100 \times 1$	84.9	182.2	57.6	42.0
1 500	$8 \times 135 \times 1$	86.1	246.0	77.8	42.0
1 600	$8 \times 150 \times 1$	86.1	273.3	86.4	42.0
2 000	$8 \times 190 \times 1$	87.7	346.2	109.5	60.0
2 500	$8 \times 240 \times 1$	88.6	437.3	138.3	60.0
3 000	$8 \times 300 \times 1$	89.0	546.6	172.9	60.0

【引用・参考文献】共同カイテック株式会社 提供資料

（4） バスダクトの漏洩磁束

　大電流が流れると、その導体の周辺にある情報配線やCRTに電磁障害を与えるおそれが生じる。バスダクトを採用すると、電磁遮へい効果の大きいため、コンピュータシステムを電磁誘導による被害から保護することができる。

　図2-2-20は、右記の状態で測定した場合の比較データである。

・試験電流：三相3線1 000A、50Hz

・試験方法：

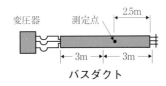

バスダクト

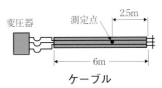

ケーブル

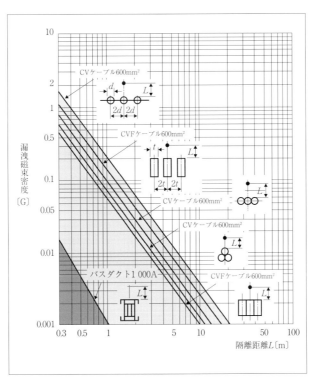

[図2-2-20] 漏れ磁束密度比較図

【引用・参考文献】共同カイテック株式会社 提供資料

10 不平衡電流

（1） 線路電流（相電流）の不平衡率に関する規程

内線規程1305節に定められている。予備電源に発電機を設ける場合は、日本電機工業会規格JEM 1354の5-12項による規定がある。一般には単相負荷は発電機容量7～12％以内にすることが望ましい。

① 低圧引込みの単相3線式

やむを得ない場合は、設備不平衡率は40％までとすることができる。

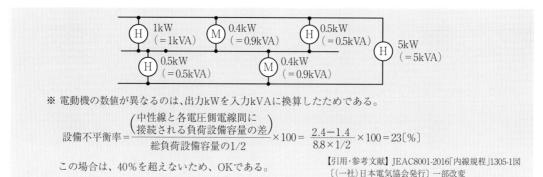

※ 電動機の数値が異なるのは、出力kWを入力kVAに換算したためである。

$$設備不平衡率 = \frac{\binom{中性線と各電圧側電線間に}{接続される負荷設備容量の差}}{総負荷設備容量の1/2} \times 100 = \frac{2.4-1.4}{8.8 \times 1/2} \times 100 = 23〔\%〕$$

この場合は、40％を超えないため、OKである。

【引用・参考文献】JEAC8001-2016「内線規程」1305-1図
〔(一社)日本電気協会発行〕一部改変

[図2-2-21] 単相3線式100/200V受電の例

② 低圧および高圧引込みの三相3線式

設備不平衡率30％以下とすることを原則とする。

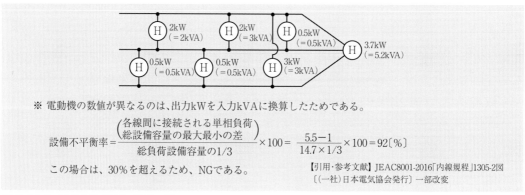

※ 電動機の数値が異なるのは、出力kWを入力kVAに換算したためである。

$$設備不平衡率 = \frac{\binom{各線間に接続される単相負荷}{総設備容量の最大最小の差}}{総負荷設備容量の1/3} \times 100 = \frac{5.5-1}{14.7 \times 1/3} \times 100 = 92〔\%〕$$

この場合は、30％を超えるため、NGである。

【引用・参考文献】JEAC8001-2016「内線規程」1305-2図
〔(一社)日本電気協会発行〕一部改変

[図2-2-22] 三相3線式200V受電の例

（2） 発電機の三相不平衡対策

単相負荷を均等に3分割して、各相に平衡した負荷を接続し平衡電流を流す。

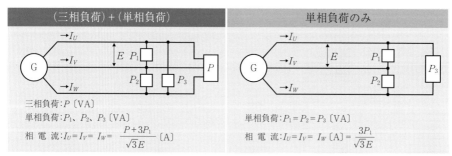

三相負荷：P〔VA〕

単相負荷：P_1、P_2、P_3〔VA〕

相 電 流：$I_U = I_V = I_W = \dfrac{P + 3P_1}{\sqrt{3}E}$〔A〕

単相負荷：$P_1 = P_2 = P_3$〔VA〕

相 電 流：$I_U = I_V = I_W$〔A〕$= \dfrac{3P_1}{\sqrt{3}E}$

※ E は電圧〔V〕を示す（以降も同じ）。

[図2-2-23] 単相負荷の平衡接続

または、スコット結線変圧器を用いて、各相に平衡した負荷を接続し平衡電流を流す。

低圧用発電機は、三相200Vの防災用動力負荷の電源として用いられるものであるが、非火災時においても停電のときには保安上必要な負荷に供給することができる。たとえば、保安用照明、冷蔵庫、PCなどが単相100V負荷に該当する。

図2-2-24は、スコット結線変圧器を用いて、均等な単相負荷を各相に接続する例である。

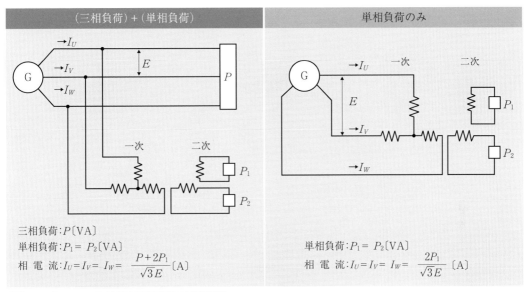

[図2-2-24] スコット結線変圧器使用の平衡接続

左欄：(三相負荷)+(単相負荷)
三相負荷：P〔VA〕
単相負荷：$P_1 = P_2$〔VA〕
相 電 流：$I_U = I_V = I_W = \dfrac{P + 2P_1}{\sqrt{3}E}$〔A〕

右欄：単相負荷のみ
単相負荷：$P_1 = P_2$〔VA〕
相 電 流：$I_U = I_V = I_W = \dfrac{2P_1}{\sqrt{3}E}$〔A〕

（3）　三相2線間に単相負荷をかけたときの負荷電流

図2-2-25の右欄はあまり用いられないが、左欄は許容範囲内で用いることがある。

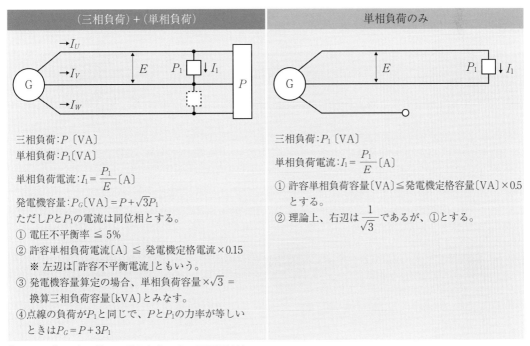

[図2-2-25]　三相2線間の単相負荷による不平衡接続

左欄：(三相負荷)+(単相負荷)
三相負荷：P〔VA〕
単相負荷：P_1〔VA〕
単相負荷電流：$I_1 = \dfrac{P_1}{E}$〔A〕
発電機容量：P_G〔VA〕$= P + \sqrt{3}P_1$
ただしPとP_1の電流は同位相とする。
① 電圧不平衡率 $\leqq 5\%$
② 許容単相負荷電流〔A〕$\leqq$ 発電機定格電流×0.15
　※ 左辺は「許容不平衡電流」ともいう。
③ 発電機容量算定の場合、単相負荷容量×$\sqrt{3}$ = 換算三相負荷容量〔kVA〕とみなす。
④点線の負荷がP_1と同じで、PとP_1の力率が等しいときは$P_G = P + 3P_1$

右欄：単相負荷のみ
三相負荷：P_1〔VA〕
単相負荷電流：$I_1 = \dfrac{P_1}{E}$〔A〕
① 許容単相負荷容量〔VA〕$\leqq$発電機定格容量〔VA〕×0.5とする。
② 理論上、右辺は$\dfrac{1}{\sqrt{3}}$であるが、①とする。

2.3 照明の計算

1 平均照度法

(1) 室指数の算定

平均照度を算出するためには、室指数を求めておく必要がある。

① 計算の方法

ある室について、その室の間口 X〔m〕と奥行 Y〔m〕、および光源から作業面（照度測定の対象となる机の上部）までの距離 H から求めることができる。ただし、距離 H は $H_0 - 0.85$、H_0 は光源の高さとする。

$$室指数 R = \frac{X \cdot Y}{H(X+Y)} \cdots\cdots (1)$$

計算により得られた数値が、**表2-3-1**の室指数記号のいずれに該当するかを調べる。

[表2-3-1] 室指数記号表

記号	A	B	C	D	E	F	G	H	I	J
室指数 R	5.0	4.0	3.0	2.5	2.0	1.5	1.25	1.0	0.8	0.6
範囲	4.5以上	4.5〜3.5	3.5〜2.75	2.75〜2.25	2.25〜1.75	1.75〜1.38	1.38〜1.12	1.12〜0.9	0.9〜0.7	0.7未満

② 室指数の算定例

算定の条件について、$X = 8\mathrm{m}$、$Y = 6\mathrm{m}$ の大きさの室で、光源高さ H_0 は2.8m、作業面（机上面）の高さは0.8m（和室0.4m）とする。

$H = H_0 - 0.8 = 2.0$〔m〕であるから、(1) 式より、$R = \frac{8 \times 6}{2.0 \times (8+6)} = 1.714$ となるので、表2-3-1より室指数の記号はFとなる。

(3) 平均照度法による照明設計

JISによる平均照度は、室内照明の明るさを示すものとして用いられている。平均照度計算法は最も一般的な方法であり、室内照度は次の照明計算式により表される。

$$E = \frac{NFMU}{A}$$

E: 照度〔lx〕

N: ランプの個数

F: ランプの光束〔lm〕

M: 保守率

U: 照明率（表2-3-3より求める）

A: 面積〔m²〕

[表2-3-2] 反射率表

反射率	天井、壁、床などの仕上材
80〜70%	白タイル、白ペンキ塗
50%	白カーテン、淡色ペンキ塗
30%	モルタル素地、色ペンキ塗

① 室内照明の設計条件

室内の照明を設計する場合に必要な条件は次のものである。

- 室名：部屋の用途ごとにJISによる「照度基準」がある。
- 照度E：照度基準をひとつの目安にするが、一般的に事務室の平均照度は600lx以上。
- 光束F：光源によって光束が異なる。カタログを参照する。
- 保守率M：年に1回程度ランプを清浄する場合は、一般に0.7を用いる。
- 反射率：天井、壁、床の仕上材の色調による。**表2-3-2**により、仕上材が淡色系のときは50％とする。
- 照明率U：照明器具の形状による特性表があるが、メーカーにより異なる。国土交通省の「設備設計基準」のデータなどを用いるとよい。

② 照明の計算例

「(2) 室指数の算定例」と同じ条件を想定し、照度600lxの照明設計を行う。**表2-3-3**の照明器具が何台必要となるか計算する。

- ランプの個数

前述の式より、次のように計算できる。

$$N = \frac{E \cdot A}{FMU} = \frac{600 \times 48}{3000 \times 0.7 \times 0.56} \fallingdotseq 25 〔個〕$$

照度E： 600lx

光束F： 3000lm（40W）

保守率M： 0.7（上記①より）

照明率U： 0.56（表2-3-3より、室指数の記号Fと反射率の該当値から求める）

面積A： $X \times Y = 8 \times 6 = 48 \text{ m}^2$

[表2-3-3] 照明率表

F40W×2

反射率（％）	天井	50	
	壁	50	30
室指数	床	30	
0.6	J	0.31	0.26
0.8	I	0.40	0.35
1.0	H	0.45	0.39
1.25	G	0.51	0.46
1.5	F	0.56	0.51
2.0	E	0.62	0.57
2.5	D	0.67	0.63
3.0	C	0.70	0.66
4.0	B	0.74	0.71
5.0	A	0.76	0.74

- 照明器具の台数

計算結果より必要なランプ数は25個だが、器具が2灯用のため、必要台数は13台となる。

③ 照明器具の配線による台数の決定

3.6〔m〕×8〔m〕の室には、3列×5列の15台が最適である。

2 非常用照明

（1） 逐点法による照明設計

図2-3-1のように、点光源（白熱電球）の場合、配光は円を描き、1 lxの範囲を実線、0.5 lxの範囲を点線とすれば、図面説明のとおりに設計することができる。

白熱電球のW数、形状によって円の大きさは異なるので、メーカーのカタログを参照するとよい。

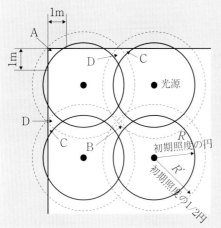

・A部分： 居室の隅角部で緩和されている（1辺約1m）
・B部分： 2分の1の照度の円で、この場合照度は確保されている。
　　　　　 1辺約1mの四角上の場合は相互反射、光束の重畳により確保される。
・C部分： 壁・床の相互反射、光束の重畳により照度は確保される。
・D部分： 2分の1の照度の円で、この場合照度は確保される。

なお、C、Dの部分が1辺約1mの場合は、相互反射、光束の重畳により照度は確保される。

[**図2-3-1**] 器具位置決定図

（2） 配置表法による照明設計

照明器具のランプのW数、形状によって配光特性が異なる。たとえば、**図2-3-2**のように器具を配置する場合、**表2-3-4**の照明器具取付間隔表を用い、該当する取付間隔値以下となるように配置する。

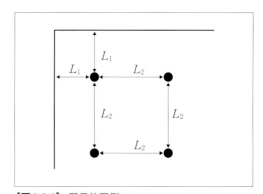

[**図2-3-2**] 器具位置例

[**表2-3-4**] 照明器具取付間隔（L_1、L_2）表

照明器具形式	ランプワット数	取付高さ（m）									
		2.3		2.5		2.7		2.9		3.1	
		L_1	L_2	L_1	L_2	L_1	L_2	L_1	L_2	L_1	L_2
K1-FSS4（2灯用）	F20	2.4	6.4	2.4	6.7	2.4	7.0	2.4	7.0	2.4	7.1
	F40	3.2	9.0	3.3	9.0	3.4	9.1	3.4	9.5	3.5	10.0
K1-FRS3（2灯用）	F20	2.7	7.0	2.7	7.5	2.8	8.0	2.8	8.0	2.8	8.0
	F40	3.7	10.0	3.8	10.0	3.9	10.0	3.9	10.9	4.0	11.8
K0-IRS1	40	2.1	4.1	2.1	4.3	2.2	4.5	2.2	4.7	2.3	5.0
	60	2.2	4.4	2.3	4.6	2.5	4.9	2.5	5.1	2.6	5.4
K1-IRS1（内蔵）	40	3.4	8.5	3.5	8.8	3.6	9.2	3.6	9.7	3.7	10.3

（3） 廊下、小部屋の照明設計

表2-3-4の寸法を参照し、**図2-3-3**のように1lxの範囲（LEDの場合は2lx）を配置する。

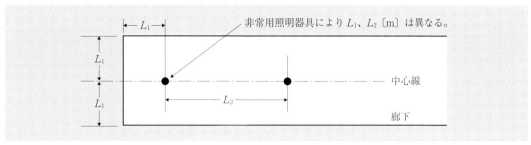

[**図2-3-3**] 廊下における器具の配置例

（4） 階段の照明設計

幅3m、階高3.5m程度以下のときは、F20W 1灯またはF40W 1灯のブラケット型（壁付型）非常用照明器具（誘導灯兼用）を設備する。

（5） 住宅・建築物の省エネルギー基準および低炭素建築物の認定基準

平成22（2010）年4月1日以降は、一定の中小規模の建築物（床面積の合計が300m²以上）について、新築・増改築時における省エネ措置の届出および維持保全の状況の報告が義務付けられた。

平成25（2013）年1月に公布（同年9月に一部改正）された「住宅・建築物の省エネルギー基準」および平成24（2012）年12月に公布（翌年9月に一部改正）された「低炭素建築物の認定基準」では、住宅・建築物ともに外皮性能と一次エネルギー消費量を指標として、建物全体の省エネルギー性能を評価することになった。

また、建築物における一次エネルギー消費量については、これまでの設備システムエネルギー消費係数（CEC）が廃止され、建物全体の一次エネルギー消費量による評価になるとともに、その算定方法も変更された。住宅においては、「住宅事業建築主の判断の基準（平成21年告示）」により、一部に対して一次エネルギー消費量による評価が行われていたが、今後はすべての住宅が対象となるとともに、その算定方法も見直された。

省エネルギー計画書等の対応については、資料「建築物のエネルギー消費性能に関する技術情報」（作成：国立研究開発法人建築研究所、協力：国土交通省国土技術政策総合研究所）http://www.kenken.go.jp/becc/を参考されたい。

1 電話回線数・配管概略算定法と放送設備

（1） 電話引込回線数の算定

表2-4-1をもとに引込回線数を算定する。仮に、延べ面積3 000m²の商社（自社専用ビル）の引込回線数を求める場合、3 000〔m²〕×0.4〔回線〕/10〔m²〕＝120〔回線〕となる。

［表2-4-1］ 局線・内線標準回線数（建物延べ面積10m²当たり）

業種	局線数	内線数
官公庁	0.4	1.5
一般事務所	0.4	1.5
デパート	0.2	0.3
病院（事務所）	0.2	0.3

【引用・参考文献】建築設備士受験の総合対策・電気設備編集委員会 編『建築設備士受験の総合対策―電気設備編―（改訂11版）』

（2） 電話用配線、ケーブル用配管の設計

① 電話用（電話以外の通信用も含む）ケーブルの幹線部分の布設

ケーブルラックによることが多い。

② 電話用配線、ケーブルに適合した配管の算定

配管に用いられる電線管の種類に応じ、電話用の配線、ケーブルの本数、条数も異なる。電線の太さ（外径）による断面積は、電線管（内径）有効断面積の20～25％以下とする。

［表2-4-2］ 電話用配線、ケーブル用配管の算定

電話用配線、ケーブルの仕様と構内用ケーブルの断面積（mm²）			配管の太さ（呼称）			備　考
			薄鋼電線管	ねじなし電線管	CD管	
屋内用	構内用ケーブル 0.5mm	10P 64	(25)	E25	(22)	電線類の断面積は、配管の有効断面積の25％以下になるように算定した。CD管よりPF管のほうが望ましい。また、同じ呼称でPE管の断面積のほうが少し大きい。
		20P 104	(31)	E31	(28)	
		30P 133	(31)	E31	(28)	
		50P 189	(39)	E39	(36)	
		100P 330	(51)	E51	(42)	
		200P 616	(63)	E63	-	
	TIVF*0.65-2C	5条まで	(19)	E19	(16)	＊2心並列PVC屋内線のこと。有効断面積の20％以下の場合。
		10条まで	(25)	E25	(22)	
		17条まで	(31)	E31	(28)	
	光ケーブル	24C、40C、100C	(51)	E51		(1)の「マニュアル」参照。
		160C、200C	(63)	E63		
引込用	引込メタルケーブル	50P	(31)	E31		(1)の「マニュアル」参照。CCP市内ケーブル
		100P	(39)	E39		
		200P	(51)	E51		
		400P	(63)	E63		
	光ケーブル	100C以下	(51)	E51		

（3） 放送設備のアンプの容量の算定

① スピーカの種類とインピーダンス

ビル内のスピーカにはコーン形、屋外駐車場のスピーカにはホーン形を用いることが多い。**表2-4-3**にスピーカのライン電圧とスピーカの定格入力の関係を示し、インピーダンスの概算を示す。

図2-4-1にスピーカの結線図例を示す。放送設備のスピーカは図のように並列接続する。

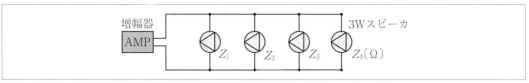

[図2-4-1] 100Vラインスピーカの結線図例

[表2-4-3] スピーカのインピーダンス概算表

入力（W） 電圧（V）	1	2	3	4	5	10	15
70	5×10^3	2.5×10^3	1.6×10^3	1.2×10^3	1×10^3	500	330
80	6.4×10^3	3.2×10^3	2.1×10^3	1.6×10^3	1.3×10^3	640	430
100	10×10^3	5×10^3	3.3×10^3	2.5×10^3	2×10^3	1×10^3	670

② アンプの容量

アンプの定格出力は、それに接続されるスピーカの入力の合計容量とする。

$$\text{アンプの定格出力〔W〕} \geqq \Sigma \text{スピーカの出力〔W〕}$$

図2-4-1の場合、3Wのスピーカが4個接続されているので、アンプの容量は3×4＝12〔W〕となる。

③ アンプとスピーカのインピーダンスの整合

$$\text{アンプの出力インピーダンス〔Ω〕} \leqq \text{スピーカの合成インピーダンス〔Ω〕}$$

スピーカを100V用の3Wスピーカとすれば、1個のスピーカのインピーダンスは、

$$Z = \frac{E^2}{P} = \frac{100^2}{3} = 3.3 \times 10^3 \text{〔Ω〕となる。}$$

図2-4-1の合成インピーダンスZ_0〔Ω〕は、$Z_0 = \dfrac{1}{\dfrac{1}{Z_1} + \dfrac{1}{Z_2} + \dfrac{1}{Z_3} + \dfrac{1}{Z_4}} = \dfrac{3.3 \times 10^3}{4} = 825$〔Ω〕

となる。

④ アンプの選定

計算結果より、定格出力が12W、アンプの出力インピーダンスが825Ωのものを選ぶとよい。

（4） スピーカから離れた点の音圧の算定

出力91dB/Wmのスピーカに3Wの電力を加えたときの1m、10mの音圧を求める。

音圧上昇分$10 \log \dfrac{3}{1} = 10 \log 3 = 10 \times 0.477 \fallingdotseq 4.8$〔dB〕より、91＋4.8＝95.8〔dB〕となる。

10m地点では、$95.8 - 20 \log \dfrac{10}{1} = 95.8 - 20 \times 1 = 75.8$〔dB〕となる。

2 テレビ共同受信システム

　図2-4-2のような4階建ての建物の各階に共同受信システムを計画した場合、ブースター（増幅器）の出力レベル〔dB〕は、次のようにして求める。

(1) 計算の条件

　①　同軸ケーブルの幹線はS-7C-FBとし、分岐はS-5C-FBとする。

　②　最遠端の端末ユニット©点の電界強度は**表2-4-4**を満足させる値とする（dBμVは電圧の単位で、$1μV＝0dBμV$を基準としたもの）。出力レベルは57dB以上とし、強電界地区ではUHF 75dB以上にする。

　③　アンテナ出力レベルは、テレビ局からの電波の到来状況によって異なる。NHKに問い合わせるか、テレビ設備工事会社に電界強度の調査を委託して求める。

　④　アンテナの出力レベルは、75dBμVとする。

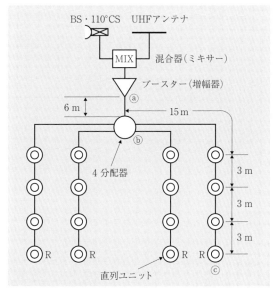

[図2-4-2] 共同受信システム図

[表2-4-4]　テレビ端子の要求性能

項目 ＼ 周波数（放送区分）	UHF	BS・110度CS-IF（BS・広帯域CS）	BS・110度CS-IF（高度BS・CS）
テレビ端子の要求性能〔dBμV〕	50〜81	52〜81	54〜81

【引用・参考文献】JCTEA STD-013-4.0　「集合住宅構内伝送システムの性能　CATV＆SMATV」より抜粋

(2) 計算例

① ケーブルの損失

　ⓐ〜©間を低損失型同軸ケーブルS-7C-FBによる配線で図2-4-2のように全長に用いると、最遠端までの長さは6＋15＋3＋3＋3＝30〔m〕となる。

　その合計減衰量は、**表2-4-5**により求めるが、ここではUHFの減衰量を用いて、161dB/1 000mとして計算する（以下、UHFによる）。BS・CS帯域についても同様の計算を行う。

　$0.16×30＝4.8$〔dB〕となる。

② その他の損失

　使用機器による挿入損失・結合損失・4分配器の分配損失は、それぞれ**表2-4-6**より求める。

　挿入損失は、送り接続の箇所に比例する。結合損失は最遠端の直列ユニットの結合損失とすると、次のようになる。

$$(2.0×3〔箇所〕)＋10＋8.5＝24.5〔dB〕$$

③ 総合損失

　総合損失は、①と②の和であり、$4.8＋24.5＝29.3$〔dB〕となる。

④ 入力利得

アンテナの出力レベルを75dB、20素子のUHFアンテナの利得を10dB、混合器（ミキサー）の損失を1.5dB、混合器からブースターまでのケーブル損失を3dBとすると、75＋10－1.5－3＝80.5〔dB〕がブースターの入力利得となる。

⑤ ブースターの出力レベル

最遠端アウトレットで75dBを確保するのに必要な利得は、75＋29.3＝104.3〔dB〕であるから、ブースターは、104.3－80.5≒24 より、25dBの出力レベルのものとする。

［表2-4-5］ テレビ共同受信用ケーブルの減衰量

名称	種類	減衰量（20℃、dB/km）				
		90MHz	220MHz	770MHz	1 300MHz	2 000MHz
発泡ポリエチレン絶縁ビニルシース同軸ケーブル	S-5C-FB	68.9	109	221	300	391
	S-7C-FB	48	78	161	222	291

［表2-4-6］ 分配器、直列ユニットの損失

各部の損失値（dB）	UHF
2分配器の分配損失	4.3
4分配器の分配損失	8.5
直列ユニットの挿入損失	2.0
直列ユニットの結合損失	10

1 耐震用アンカーボルト

屋上に設置するキュービクルの計算例を次に示す。
図2-5-1は設計のフローチャートである。

(1) 建物条件

- ・建築場所：東京都（地震地域係数$Z=1.0$）
  （電気設備の場合$Z=1.0$として考えるのが望ましい）
- ・建築構造：鉄筋コンクリート造、9階建て

(2) 機器の内容と設置条件

機器は屋外用キュービクル（**図2-5-2**）で、9階の直上階の屋上に設置する。機器の自重Wは3 200kg、重心の高さh_Gは1.1mとする。

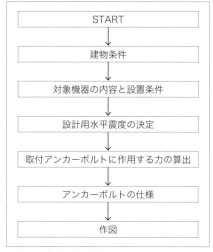

START

建物条件

対象機器の内容と設置条件

設計用水平震度の決定

取付アンカーボルトに作用する力の算出

アンカーボルトの仕様

作図

[図2-5-1] 耐震設計のフローチャート

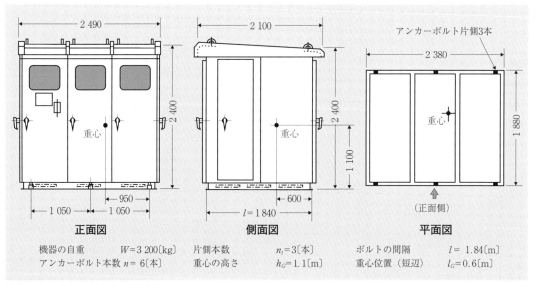

アンカーボルト片側3本

重心

（正面側）

| 正面図 | 側面図 | 平面図 |

2 490　2 100　2 380

2 400　2 400　1 880

1 100

950　600　l=1 840

1 050　1 050

機器の自重	$W=3\,200$〔kg〕	片側本数	$n_t=3$〔本〕	ボルトの間隔	$l=1.84$〔m〕
アンカーボルト本数$n=6$〔本〕		重心の高さ	$h_G=1.1$〔m〕	重心位置（短辺）	$l_G=0.6$〔m〕

[図2-5-2] キュービクルの据付図

① **設計用標準震度と設計用水平震度**

耐震クラスをSクラス（耐震性能が最も高いクラス）とする。受変電設備の設置場所は屋上のため、設計用標準震度$K_S=2.0$、設計用水平震度$K_H=Z \cdot K_S=1.0 \times 2.0=2.0$となる。

② **設計用鉛直震度K_V**

$$K_V = \frac{1}{2}K_H = \frac{1}{2} \times 2.0 = 1.0$$

（3） 取付けアンカーボルトに作用する力の算出

アンカーボルトを図2-5-2のように6本としたとき、その太さは次のように求める。

$$設計用水平地震力 F_H = K_H \cdot W = 2.0 \times 3\,200 = 6\,400 〔kg〕$$

$$設計用鉛直地震力 F_V = \frac{1}{2} \cdot F_H = 3\,200 〔kg〕$$

$$1本のアンカーボルト引抜力 R_b = \frac{F_H \cdot h_G - (W - F_V) \cdot l_g}{l \cdot n_t}$$

$$= \frac{6\,400 \times 1.1 - (3\,200 - 3\,200) \times 0.6}{1.84 \times 3} \fallingdotseq 1\,275 〔kg〕$$

l : 短辺方向（転倒しやすい方向）のボルトの間隔〔m〕

l_g : 同上の方向のボルト中心から重心までの距離〔m〕

n_t : 同上の方向のボルトの総本数

$$1本のアンカーボルトせん断力 Q = \frac{F_H}{n} = \frac{6\,400}{6} \fallingdotseq 1\,067 〔kg〕$$

① アンカーボルトのサイズ選定

図2-5-3により該当する値を求める。この場合、$R_b = 1\,275$、$Q = 1\,067$なので、M16が適当。

② アンカーボルトの埋込長さ

図2-5-4に箱抜式ヘッド付（他にJ形、L形がある）ボルト埋込図を示し、計算により耐震性を確認する。

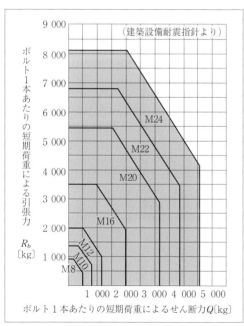

[図2-5-3] 引張力R_bとせん断力Qによるアンカーボルト選定図

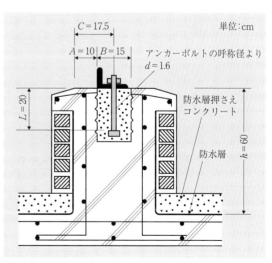

[図2-5-4] 基礎形状

③ アンカーボルトの引抜力

アンカーボルトの短期許容引抜荷重 T_a〔kg〕は、$T_a = \dfrac{F_{e1}}{80} \cdot \pi \cdot L \cdot B \cdot \dfrac{A}{10}$〔kg〕より求められる。ここで、充填モルタルの設計基準強度 F_{e1} を120kg/cm^2 として上記の計算式で計算すると、$T_a = 1\,413 > 1\,275 = R_b$ となり、OK。

④ アンカーボルトのせん断力

基礎（ベース）の中で重心から最遠端のアンカーボルトの短期許容せん断力 Q_a〔kg〕は次式より求める。ただし、$L \geqq 6d$、$h \geqq C$ とする。

$$Q_a = \frac{\pi}{4} \cdot d^2 \cdot f_3 \ \text{〔kg〕}$$

f_3 はSS41（ステンレス）のアンカーボルトの許容せん断応力である。ボルト径が40mm以下の場合、$f_3 = 1\,350$〔kg/cm^2〕とすれば、次のように計算できる。

$$Q_a = \frac{3.14}{4} \cdot 1.6^2 \cdot 1\,350 \fallingdotseq 2\,713 \ \text{〔kg〕}$$

C が15cm以下のときは、$Q'_a = 3\pi \cdot C(C+d)$ を求め、Q_a と Q'_a のいずれか小さいほうと前述の Q を比較する。なお、コンクリートは通常の180〔kg/cm^2〕とする。ここでは、$Q_a = 2\,713 > 1\,067 = Q$ となり、OK。

以上により、アンカーボルトの引抜力、せん断の耐震性を確認し、図面にボルトなどの仕様を記載する。

2 プルボックス

(1) プルボックスの用途と概要

金属管工事・合成樹脂管工事における電線の接続箇所については、内線規程などに定められているように、電線管内において電線の接続点を設けてはならない。また、接続部分を露出させてはならない。このため、プルボックスを用いて、プルボックス内で電線を接続する。

一般には配電盤、分電盤、制御盤およびジョイントボックス内で電線の接続を行うことが多いが、幹線設備においてはプルボックスを用いて分岐することが多い。

図2-5-5のPBはプルボックス（Pull Box）の略である。配線こう長が長い場合は、引き通し用プルボックスを用いる。

また、取付けの際には保守点検用のふたを付けること、金属製のプルボックスの場合は接地工事を行うことに注意する。

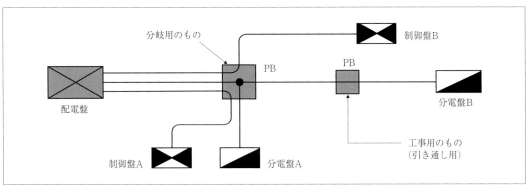

[**図2-5-5**] 幹線系統図

(2) プルボックスの大きさの求め方

国土交通省の建築設備設計基準に従い、配管の本数、外径によって求める。電線を収納する場合について述べる。

① 直線引き通しの場合

図2-5-5の引き通し用プルボックスの場合、**図2-5-6**のaは、次のようになる。

$$幅_a〔\text{mm}〕= \sum(P+30)+(30×2)$$

P：電線管の呼称〔mm〕

※式中の$(30×2)$は、両端の余裕幅〔mm〕を示す。

② 直角に屈曲の場合

図2-5-6のbのように直角に面する場合は、次のように計算できる。

$$長さ_b〔\text{mm}〕= \sum(P+30)+30+3P_m$$

P_m：プルボックスに接続する最も太い電線管の呼称〔mm〕

※電線ではなくケーブルを使用する場合、$b = \sum(P+30)+30+8P_m$とする。

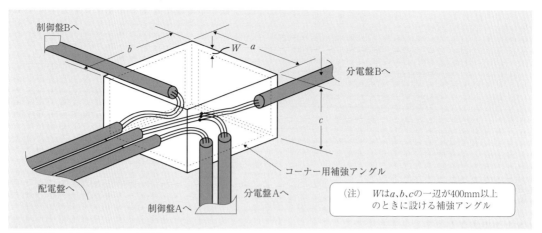

[図2-5-6] プルボックスの寸法図

(3) プルボックス寸法の計算例

① 隅角部の寸法 (r_a) の求め方

図2-5-8のように直角に屈曲する場合、配管の外径および本数を求めるにあたって電線、ケーブルを無理なく直角に曲げられるように、屈曲半径を確保する。

屈曲半径は、内線規程3165-4より、電線、ケーブルの仕上がり外径の6倍（単心は8倍）以上が必要である。

これに関して国土交通省方式は、内側に最大の電線管（管径 (P_m)）があるものとし、図2-5-8の隅角部は $r_a=5P_m$〔mm〕とする。

したがって、$r_a=5×(51)≒250$〔mm〕より、$r_a=r_b$と仮定すると、$L=\sqrt{2}\,r_a$〔mm〕が屈曲半径に相当することになる。

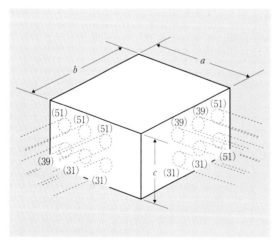

[図2-5-7] プルボックスの寸法

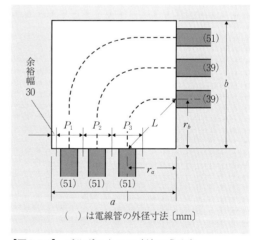

[図2-5-8] プルボックスの寸法の求め方

② 幅の寸法 (a) の求め方

配管固定用ロックナットの外径も含めると、配管ピッチ P_n〔mm〕＝配管外径 ＋30 となる。

$a \fallingdotseq \sum P_n + 30 + r_a$ より、上の段を例に計算すると、

$a \fallingdotseq (51) + 30 + (51) + 30 + (51) + 30 + 30 + 250 \fallingdotseq 520$ 〔mm〕となる。

　一辺が400mm以上の場合は、左右に25mmの補強アングルを設けるため、幅aは570mmに決定する。

③　長さの寸法 (b) の求め方

$b \fallingdotseq \sum P_n + 30 + r_b$ 〔mm〕より、$r_b \fallingdotseq r_a$ とすると、

$b \fallingdotseq (51) + 30 + (39) + 30 + (39) + 30 + 30 + (5 \times (51)) \fallingdotseq 500$ 〔mm〕

　左右に補強アングルを設けるため、長さbは550mmとなる。

④　高さの寸法 (c) の求め方

　国土交通省方式では、高さは最大電線管の外径の3倍とし、**表2-5-1**の換算表を用いる。図2-5-7の場合、(51) と (39) なので、表2-5-1より、$c = 150 + 150$ となるが、これに管相互の間隔80mmを加えると、高さcは380mmとなる。

[**表2-5-1**] 電線管の3倍に応じた寸法

電線管	高さの寸法〔mm〕	
	1段	2段
(25)	100	200
(31)	100	200
(39)	150	275
(51)	150	275
(63)	200	350
(75)	200	350

3 ケーブルラック

(1) ケーブルラックの幅の計算

① 電力用ケーブルの場合の算定法

電力用幹線は1段に配列するのが普通である。ケーブルラックの幅が2m以上となるとたわみも大きくなるので、メーカーと相談のうえで設計する。

一般に用いられる600V CV×3Cケーブルは、**表2-5-2**により占有幅を求める。

[表2-5-2] 占有幅の求め方

導体の断面積〔mm²〕	占有幅〔mm〕
22以上	（ケーブルの仕上がり外径＋ 3）×ケーブルの本数
38、60、100	（ケーブルの仕上がり外径＋ 7）×ケーブルの本数
100、150、200、250以上	（ケーブルの仕上がり外径＋12）×ケーブルの本数

ケーブルラックの幅 W〔mm〕は、両サイドに30mmのスペースをとり、上記で求めた占有幅を加えたものとする。なお、屈曲部はケーブル外径の6倍以上を、内側の半径とする。

② 国土交通省の場合の算定法

$W \geqq 1.2\left[\sum(D+10)+60\right]$〔mm〕とする。ただし、$D$はケーブルの仕上がり外径〔mm〕とし、トリプレックスケーブルの場合は、より合わせ外径による。

③ 通信用ケーブルの場合の算定法

通信用ケーブルは2段に配列することができる。2段積としたときのケーブルラックの幅の算定は、国土交通省の場合は次の方法による。

$$W \geqq 0.6\left[\sum(D+10)+120\right]$$〔mm〕

(2) 防災用ケーブルを併設する場合

防災用ケーブルを併設する場合、下記によってケーブルラックを設置する（ただし、電気室や機械室など不特定多数の者が出入しない場所は除く）。

・ 耐火電線（耐火ケーブル）は延焼防止剤を塗布する。
・ ケーブルラックの下部は、**図2-5-9**のように不燃材により遮へいする。
・ 耐火区画貫通部のケーブルラックの支持は、貫通部の壁の中心より1m以内とする。

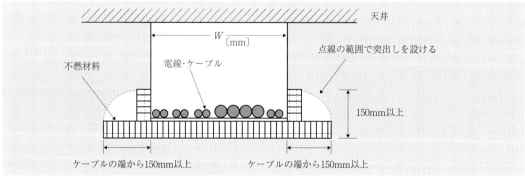

[図2-5-9] 不燃材による遮へい方法の例

(3) 幅の選定

国土交通省規格のケーブルラックの幅〔mm〕には、200、300、400、500、600、800、1 000がある。

(4) 吊り下げ強度

ケーブルラックの上に人が乗るおそれもあり、また、耐震性も含めてケーブルの重量とラックの強度の検討は重要である。

(5) ケーブルの許容電流の計算

ケーブルの許容電流には、**図2-5-10**の3種類がある。ケーブルラックに関係するのは、連続許容電流Iと短時間許容電流I_Sである。CVケーブルを密着した場合の許容電流は、表2-2-17（p.102）を参照のこと。

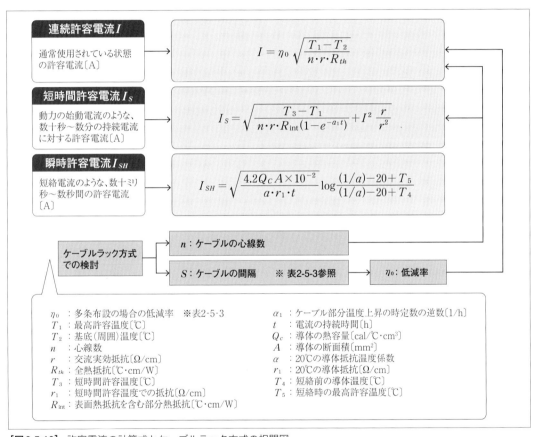

連続許容電流I

通常使用されている状態の許容電流〔A〕

$$I = \eta_0 \sqrt{\frac{T_1 - T_2}{n \cdot r \cdot R_{th}}}$$

短時間許容電流I_S

動力の始動電流のような、数十秒～数分の持続電流に対する許容電流〔A〕

$$I_S = \sqrt{\frac{T_3 - T_1}{n \cdot r \cdot R_{int}(1 - e^{-a_1 t})} + I^2 \frac{r}{r^2}}$$

瞬時許容電流I_{SH}

短絡電流のような、数十ミリ秒～数秒間の許容電流〔A〕

$$I_{SH} = \sqrt{\frac{4.2 Q_c A \times 10^{-2}}{a \cdot r_1 \cdot t} \log \frac{(1/a) - 20 + T_5}{(1/a) - 20 + T_4}}$$

ケーブルラック方式での検討

n：ケーブルの心線数

S：ケーブルの間隔　※表2-5-3参照

η_0：低減率

η_0：多条布設の場合の低減率　※表2-5-3
T_1：最高許容温度〔℃〕
T_2：基底（周囲）温度〔℃〕
n：心線数
r：交流実効抵抗〔Ω/cm〕
R_{th}：全熱抵抗〔℃・cm/W〕
T_3：短時間許容温度〔℃〕
r_1：短時間許容温度での抵抗〔Ω/cm〕
R_{int}：表面熱抵抗を含む部分熱抵抗〔℃・cm/W〕

a_1：ケーブル部分温度上昇の時定数の逆数〔1/h〕
t：電流の持続時間〔h〕
Q_c：導体の熱容量〔cal/℃・cm³〕
A：導体の断面積〔mm²〕
a：20℃の導体抵抗温度係数
r_1：20℃の導体抵抗〔Ω/cm〕
T_4：短絡前の導体温度〔℃〕
T_5：短絡時の最高許容温度〔℃〕

［図2-5-10］ 許容電流の計算式とケーブルラック方式の相関図

［表2-5-3］ ケーブルの中心間隔と低減率η_0

中心配列間隔	段	電流低減率η_0〔%〕																					
		1					2							3									
	列	1	2	3	6	7～20	2	3	4	5	6	7	8～20	3	4	5	6	7	8	9～10	11～12	13～15	16～19	20
$S=d$		1.00	0.85	0.80	0.70	0.70	0.70	0.60	0.60	0.56	0.53	0.51	0.50	0.48	0.41	0.37	0.34	0.32	0.31	0.30	0.30	0.30	0.30	0.30
$S=2d$		1.00	0.95	0.95	0.90	0.80	0.90	0.90	0.85	0.73	0.72	0.71	0.70	0.80	0.80	0.68	0.66	0.65	0.65	0.64	0.63	0.62	0.61	0.60
$S=3d$		1.00	1.00	1.00	0.95	-	0.95	0.95	0.90					0.85	0.85	-								

※Sはケーブルの中心配列間隔〔mm〕、dはケーブルの導体直径〔mm〕

4 避雷突針支持管と引下げ導線

（1） 避雷設備の突針部の設計

図2-5-11のような建築物の場合、地上20mを超える部分を雷害から保護しなければならない。ここではJIS A 4201：1992 により60m以下のものに適用する「保護角法」を例として述べる。

（2） 突針支持管の長さの計算

図2-5-11に示すように、20mを超えた屋上部分を避雷突針で保護するためには、R_1の半径、R_2の半径でそれぞれ円を描き、屋上の水平部分が円の中に入るようにしなければならない。

図中の直角三角形の一つの頂点が60度であるから、$R_2 \div \sqrt{3} = H_2$、$R_1 \div \sqrt{3} = H_1$として支持管の長さを求めるが、1本の支持管で両方を保護できるように長さを決める。つまりH_2と$H_1 + h_0$のうち、どちらか長いほうを支持管の長さとする。

実際の支持管の長さは、Hのほかに、外壁面に取り付ける部分の長さ（**図2-5-12**のL〔m〕）を加えたものが必要となる。

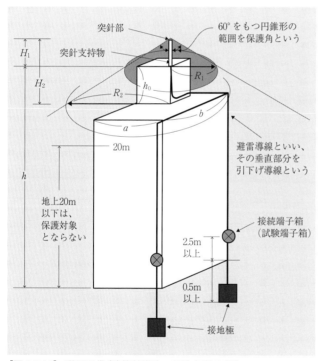

[図2-5-11] 避雷設備（建築基準法、JIS）各部の名称

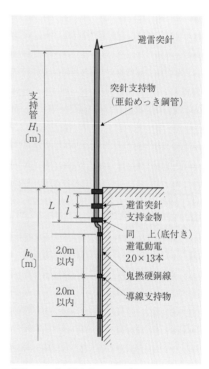

[図2-5-12] 図2-5-11の頂部

（3） 突針支持管の設置場所

図2-5-11のように建物の中央部に設置するのが最も望ましい。支持管の長さを短くできるとともに、保守点検の際の作業も墜落事故を防止するうえでも、足場を設けるうえでも有利である。

（4） 避雷導線の引下げ箇所

避雷導線は、水平投影面積が50m²以上の場合、2箇所以上引き下げ、かつ外周50m以内とする。

図2-5-13のように四角形以外の場合、外周は$\overline{\mathrm{AB}}$、$\overline{\mathrm{AK}}$のように50mごと測った距離とすることができる。

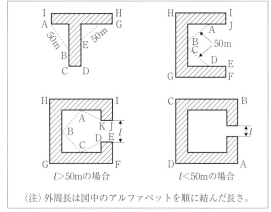

[図2-5-13] 外周の測り方

(5) 支持管の長さの計算

図2-5-14のような建築物の避雷設備図を設計する。ただし、屋上に設備機器はないものとする。

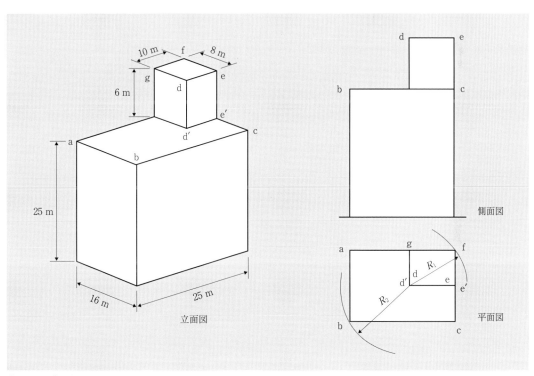

[図2-5-14] 建築物の例

避雷突針支持管の最も短い長さ〔m〕を求める。

支持管の取付け場所は、建物の中央部とすると、その長さは短くなる。また、保守するうえでも足場が作りやすい。したがって、図中のdの位置が最適である。

d′−b間　$R_2 = \sqrt{(25-10)^2 + (16-8)^2} = \sqrt{289} = 17.0$　　$H_2 = \dfrac{R_2}{\sqrt{3}} \fallingdotseq 9.8$

d−f間　$R_1 = \sqrt{10^2 + 8^2} = \sqrt{164} \fallingdotseq 12.8$　　$H_1 = \dfrac{R_1}{\sqrt{3}} \fallingdotseq 7.4$

地上25mの高さから見て、$H_2 = 9.8$、$H_1 + 6 = 13.4$を比較したとき、$H_2 < H_1 + 6$となる。つまり、d点から7.4mの高さであればbの点も保護できる。

したがって、支持管の最小の長さは7.4＋壁取付け部分（1.6m程度）≒ 9〔m〕となる。

(6)　引き下げ導線の設計

①　外周長を測る

外周長は、20mを超えた部分を対象として測る。図2-5-11の平面図より、ab、bc、cf、faの全長は、16＋25＋16＋25＝82〔m〕となる。

②　50m以内ごとに引き下げる

図2-5-11の引き下げ導線は、上記図2-5-14のb点とc点である。本例題にあてはめると、b−a−f−cを結ぶ外周長は16＋25＋16＝57〔m〕となり、50mを超える。したがって、本例ではbとf点またはa点とc点のいずれか2箇所に引き下げる。

③　引き下げ導線の簡略

最近の建物において、引き下げ導線を外周部に露出または建物内に「隠ぺい」している例は少なくなっている。これは鉄骨または2条以上の主鉄筋に屋上部分と地下部分で避雷導線を溶接し、中間の引下げ部分は鉄骨、鉄筋を導線の代替としているためである。

ただし、高強度鉄筋や機械式継手など、電気的接続が確保されない工法もある。このような場合は、構造設計者に確認のうえ、必要に応じて鉄筋の間を電気的に接続する措置を取る。

5 避雷突針支持管の風圧強度

（1） 計算式

1 速度圧

図2-5-15に示すように建物の上部に避雷設備を取り付ける場合は、建物の壁面に固定する方法（図2-5-15（b））と、屋上の平らな床面に自立させる方法（図2-5-15（a））がある。

屋上防水仕上げを考慮すると、（b）のほうがスムーズである。下記に（b）に対する計算の基本式を示す。建基法施行令第87条・建設省告示第1454号より、速度圧qは次のようになる。

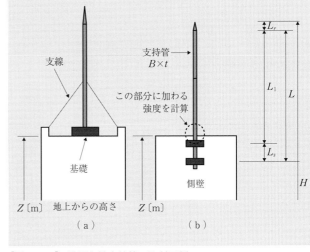

[図2-5-15] 避雷突針支持管の取付図例

$$q = 0.6 E V_0{}^2 \,\,[\mathrm{N/m^2}]$$

V_0：その地方における過去の台風の記録に応じて定めた風速（$30 \sim 45$ m/s）

E：$E = E_r{}^2 \cdot Gf$

E_r：平均風速の高さ方向の分布を表す係数（表2-5-4）

$$E_r = 1.7 \times (H/Z_G)^a \qquad H > Z_b$$

G_f：ガスト影響係数（建物の高さと地表面粗度区分によって変化する係数）

2 受圧面積

$$A = B \times L \,\,[\mathrm{m^2}]$$

B：支持管の外径〔m〕

L：支持管の有効長〔m〕

[表2-5-4] 平均風速の高さ方向の分布を表す係数

① $H \leqq Z_b$			$E_r = 1.7 \left(\dfrac{Z_b}{Z_G} \right)^a$		
② $H > Z_b$			$E_r = 1.7 \left(\dfrac{H}{Z_G} \right)^a$		
E_r：平均風速の高さ方向の分布を表す係数 Z_b：Z_Gおよびα地表面粗度分布に応じて次の表に掲げる数値 H：建築物の高さと軒の高さとの平均〔m〕					
地表面粗度分布			Z_b〔m〕	Z_G〔m〕	α
Ⅰ	都市計画区域外にあって、極めて平坦で障害物がないものとして特定行政庁が規則で定める区域		5	250	0.10
Ⅱ	都市計画区域外にあって、地表面粗度分布Ⅰの区域以外の区域（建築物の高さが13m以下の場合を除く）または、都市計画区域内にあって、地表面粗度分布Ⅳの区域以外の区域のうち、海岸線または湖岸線（対岸までの距離が1 500 m以上のものに限る。以下同じ）までの距離が500 m以内の地域（ただし、建築物の高さが13 m以下である場合または当該海岸線もしくは湖岸線からの距離が200 mを超え、かつ、建築物の高さが31 m以下である場合を除く）		5	350	0.15
Ⅲ	地表面粗度分布Ⅰ・ⅡまたはⅣ以外の区域		5	450	0.20
Ⅳ	都市計画区域内にあって、都市化が極めて著しいものとして特定行政庁が規則で定める区域		10	550	0.27

③ 風力係数

$$C = C_f \cdot K_z$$

C_f：形状に関する係数

K_z：風力係数算出用係数　$K_z = (Z/H)^{2\alpha}$

④ 曲げモーメント

$$M = q \cdot C \cdot A \cdot L \div 2 \,〔\mathrm{N \cdot cm}〕$$

⑤ 断面係数

支持管の外径B〔mm〕、肉厚t〔mm〕は長さに応じてカタログ値を参照する。

$$Z = \frac{\pi}{32} \times \frac{B^4 - (D - 2t)^4}{B} \,〔\mathrm{cm^3}〕$$

[**表2-5-5**]　支持管の寸法表（例）

単位：mm

鉄管（STK400）		ステンレス管（SUS304）	
外径B	肉厚t	外径B	肉厚t
48.6	3.2	48.6	3
60.5	3.2	60.5	3
76.3	4.2	76.3	4
89.1	4.2	89.1	4
101.6	4.2	101.6	4
114.3	4.5	114.3	4
139.8	4.5	139.8	4

⑥ 応力式

$$\delta = \frac{M}{Z} \,〔\mathrm{N/cm^2}〕$$

⑦ 許容応力度（短期荷重）

表2-5-6による規定値を用いる。

[**表2-5-6**]　代表的な支持管の許容応力度

支持部材質		短期許容応力度δ_ω〔N/cm²〕
STK400	（鋼管）	$\delta_\omega = 23\,500$
SGP	（ガス管）	$\delta_\omega = 16\,000$
SUS304	（ステンレス管）	$\delta_\omega = 20\,500$

⑧ 判定

応力式のδが表2-5-6の許容応力度δ_ωよりも小さければOKとし、同等以上の場合は、支持管の材質、仕様を変更する。

$$\delta < \delta_\omega：\mathrm{OK}$$

$$\delta \geqq \delta_\omega：\mathrm{NG}$$

(2) 支持管の設計例

地上からの高さ H が40m、支持管の長さ L が5.5m、支持管支持長の長さ L_s が1.2 m、突針の長さ L_r が0.4mの場合の風圧強度計算を行う。その他の計算条件は下記とする。なお、ここでは風圧強度計算のみを示しているが、別途、耐震計算も必要となる。

対象箇所	記号	寸法
突針	L_r	0.4m
支持管長さ	L_1	4.3m
支持管外径×厚さ	$B×t$	6.05cm×0.32cm
突針までの高さ	H	44.7m
支持管支持長	L_s	1.2m
地上から取付部までの高さ	Z	40.0m

- 設置場所の風速　　　　$V_0 = 34 \,(\text{m/s})$
- 地表面粗度区分　　　　Ⅲ
- 風荷重用算出高さ　　　$Z_b = 5 \,(\text{m})$
- 風荷重用算出高さ　　　$Z_G = 450 \,(\text{m})$
- 風荷重用算出係数　　　$a = 0.20$
- ガスト影響係数　　　　$G_f = 2.1$
- 風垂直分布係数　　　　$E_r = 1.7 \times (44.7/450)^{0.2} \fallingdotseq 1.07$
- 速度圧算出係数　　　　$E = 1.07^2 \times 2.1 \fallingdotseq 2.41$
- 風力係数算出用係数　　$K_Z = (40.0/44.7)^{2 \times 0.2} \fallingdotseq 0.96$
- 形状に関する係数　　　$C_f = 0.9$

[**表2-5-7**] 支持管の各部の計算

計算項目	計算
① 速度圧	$q_1 = 0.6 \times 2.41 \times 34^2 = 1671.34 \,(\text{N/m}^2)$
② 受圧面積	$A_1 = 0.0605 \times (4.3 + 0.4) \fallingdotseq 0.28435 \,(\text{m}^2)$
③ 風力係数	$C = 0.96 \times 0.9 \fallingdotseq 0.86$
④ 曲げモーメント	$M_1 = q_1 \cdot C \cdot A_1 \cdot \dfrac{L}{2}$ $\quad = 1671.34 \times 0.86 \times 0.2843 \times \dfrac{470}{2}$ $\quad \fallingdotseq 96145.47 \,(\text{N})$
⑤ 断面係数	$Z_1 = 7.84 \,(\text{cm}^3)$
⑥ 応力式	$\delta_1 = \dfrac{M_1}{Z_1} = 12270.11 \,(\text{N/cm}^2)$
⑦ 許容応力度	鉄管なので、$\delta_\omega = 23500$
⑧ 判定（表2-5-6より）	$\delta_1 = 12270.11 < \delta_\omega = 23500$ なので、OK

※ 小数点以下の数値を四捨五入した項目があるため、数値に若干の違いが生じることがある。

6 接地抵抗

(1) 接地極省略法の計算（一般社団法人 日本雷保護システム工業会「雷害対策設計ガイド」より）

構造体を接地極として利用する方法は、JIS A 4201：1992に定められており、構造体の接地抵抗値が5Ω以下の場合、接地極を省略することができる。なお、新JIS（JIS A 4201：2003）では、接地抵抗の具体的な指定はない。

① 大地抵抗率の測定

掘削前または掘削後の地表面で建築面積50m×50mにつき1点を、次のいずれかの方法により求め、その算術平均を大地抵抗率ρ〔Ω·m〕とする。

- ウェンナーの4電極法：一直線上の4電極の大地比抵抗測定器の測定データによる。
- 3電極法：長さ1.5m、直径14mmの接地棒を打ち込み、補助電極を10m間隔で2本配置したときの接地抵抗計の測定データによる。

② 構造体の大地との接触面積の判定

①のデータと次の式により、構造体の接地抵抗値R〔Ω〕を求める。

$$R = 3 \times \frac{0.4\rho}{\sqrt{A}}$$

ρ：大地抵抗率〔Ω·m〕

A：地下部分の延べ表面積〔m²〕　ただし、基礎くいの表面積は除く。

※式中の数値3は、理論値に対する安全係数。

③ 接地極省略グラフによる判定

図2-5-16に示すように、接地抵抗値Rの3倍が5Ω以下であれば、接地極を省略できる。

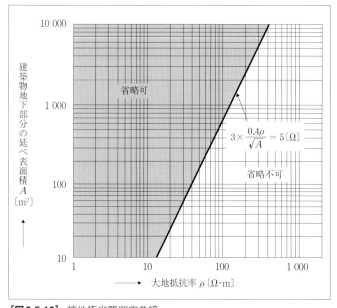

[図2-5-16] 接地極省略判定曲線

(2) 大地抵抗率の目安値

表2-5-8に、国土交通省の設計要領による大地抵抗率の目安値を示す。

[表2-5-8] 大地抵抗率の目安値

地質	大地抵抗率〔Ω·m〕
水田湿地（粘土質）	0～150
畑地（粘土質）	10～200
水田・畑（表土下・砂利層）	100～1 000
山地	200～2 000
山地（岩盤地帯）	2 000～5 000
河岸・河床跡（砂利・玉石積）	1 000～5 000

(3) 接地工事と等電位化

雷害などから電気設備を保護する方法として、建物内の接地工事による等電位化が推奨されている。

(4) 接地抵抗の計算

① メッシュ式接地抵抗値

山岳地などで低い接地抵抗が得られないような所では、メッシュ式の接地工事を行う。そのように接地線を網状（メッシュ状）に埋設したときの接地抵抗は、Sunde の式によって求められる。

$$R_1 = \frac{\rho}{4r}\left(1 - \frac{4t}{\pi r}\right)$$

R_1：メッシュの接地抵抗値〔Ω〕
ρ：大地抵抗率〔Ω·cm〕
r：メッシュの布設面積の等価半径　$r = \sqrt{\dfrac{A}{\pi}}$〔cm〕
A：メッシュ布設面積〔cm^2〕
t：メッシュの埋設深さ〔cm〕

② 接地棒合成抵抗値

接地棒を n 本打ち込みしたときの合成抵抗値の計算は、Dwight の式によって求められる。

$$R_2 = \frac{K}{\sum \dfrac{1}{R_3}}$$

R_2：合成接地抵抗値〔Ω〕
K：集合係数（表2-5-9参照）
R_3：接地棒（1本）の接地抵抗値〔Ω〕　（次式参照）

[表2-5-9] 長さ $1\sim3\mathrm{m}$ の接地棒の K

棒間隔（m）	0.5	1	2	3	4
集合係数 K	1.35	1.20	1.15	1.10	1.05

$$R_3 = \frac{\rho}{4\pi}\left(2.3\log\frac{4l}{r} - 1\right)$$

r：接地棒の半径〔cm〕
l：接地棒の長さ〔cm〕
ρ：大地抵抗率〔Ω·cm〕

(5) 接地抵抗値の季節変動

接地抵抗値は季節変動する。大地抵抗率を実測により求めた場合は、接地抵抗値を計算する際、大地抵抗率の測定時期も記録しておく。

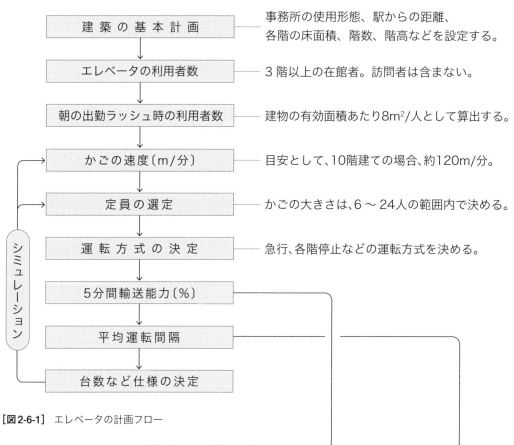

2.6 その他の電気設備の計算

1 エレベータ

(1) エレベータの交通計算

① エレベータの計画フロー

エレベータの設計は、建築計画と並行して行うもので、**図2-6-1**のようなフローに従って進める。

| 建 築 の 基 本 計 画 | — 事務所の使用形態、駅からの距離、各階の床面積、階数、階高などを設定する。 |

- 建 築 の 基 本 計 画 ── 事務所の使用形態、駅からの距離、各階の床面積、階数、階高などを設定する。
- エレベータの利用者数 ── 3階以上の在館者。訪問者は含まない。
- 朝の出勤ラッシュ時の利用者数 ── 建物の有効面積あたり8m²/人として算出する。
- かごの速度〔m/分〕 ── 目安として、10階建ての場合、約120m/分。
- 定員の選定 ── かごの大きさは、6〜24人の範囲内で決める。
- 運 転 方 式 の 決 定 ── 急行、各階停止などの運転方式を決める。
- 5分間輸送能力〔%〕
- 平均運転間隔
- 台数など仕様の決定

（シミュレーション）

[**図2-6-1**] エレベータの計画フロー

[**表2-6-1**] 交通計算の条件

建築物の種類	5分間輸送能力〔%〕	平均運転間隔〔秒〕
一般専用ビル	20〜25	
準専用ビル	16〜20	30以下
官庁ビル	14〜18	（小事務所では60以下）
貸事務所ビル	11〜15	

② 計算式

$$5分間輸送能力 = \frac{300(r_u + r_d)}{RTT} \; [\%]$$

RTT：一周時間〔秒〕
r_u：昇り方向の利用者〔人〕
r_d：降り方向の利用者〔人〕

　上記のほか、エレベータの加速時間、加速距離、扉の開閉時間、出入口の幅などを考慮・計算し、**表2-6-1**の数値を満足させる「かごの大きさ」、「かごの速度」、「台数」を算定する。

(2) エレベータの種類・用途・規格

　・エレベータの種類には、直流ギヤレス式、交流式、油圧式、リニアモータ式がある。
　・エレベータには乗用、人荷共用、寝台用、荷物用、自動車用およびホーム用がある。
　・乗用エレベータの定格積載荷重は、65kg×利用者数として算出する。
　・かごの大きさ、昇降路（エレベータシャフト）、機械室の大きさ等各部の寸法には相関関係があり、建築基準法施行令に定められている。
　・床面積が$1m^2$以下、かつ、かご天井の高さが1.2m以下のものは小荷物専用昇降機という。

(3) インバータ制御エレベータの概略値

　エレベータの速度制御として、現在ではインバータ制御（VVVF制御）が多く採用されている。**表2-6-2**に、インバータ制御方式のエレベータの概略値例を示す。なお、メーカーや機種によって多少異なるため、実際に採用するものについて確認することが望ましい。

[**表2-6-2**] VVVF制御エレベータの機種と概略値

定格			電動機容量〔kW〕	幹線の長さ50m以下の場合の電線の断面積（105m/分以下は5%、他は3%の電圧降下）〔mm²〕	MCCBの容量AF/AT〔A〕	建物の着床階数
定員〔人〕	積載荷重〔kg〕	速度〔m/分〕				
6	450	45	2.7	5.5	50/ 30	6階以下
		60	3.7	5.5	50/ 40	
9	600	60	4.5	8	50/ 50	10階以下
		90	7.5	14	50/ 50	
		105	9.5	14	50/ 50	
11	750	105	9.5	22	100/ 75	
15	1 000	120	18	38	225/125	13階以下
		150	22	38	225/150	

※ 三相3線200Vの表である。このほかに、エレベータは「かご内の照明および制御用」電源として単相100V電源が必要である。

(4) エスカレータの機種と概略値

エスカレータの概略値を示す。エスカレータについてもエレベータ同様に、メーカーや機種によって値が多少異なるため、実際に採用する機種について確認する。

[表2-6-3] エスカレータの機種と概略値

形式			速度 (m/分)	傾斜角度	電動機容量（kW）								幹線の長さ50m以下の場合の電線の断面積（mm²）とMCCBの容量（A）		
有効幅 (mm)	ステップ幅 (mm)	輸送能力 (人/h)			階高	1	3	5	7	9	11	13 (m)			
1 200	1 009	9 000	30	30度		5.5	7.5	11	15				5.5kW	14	100/75
													7.5kW	22	100/75
800	609	6 000				5.5		7.5	11	15			11kW	38	225/125
													15kW	38	225/125

※三相3線200Vの表である。このほかに、エスカレータは「手すり（欄干）の照明」として単相100V電源が必要である。
　2000年の法改正により、幅1 600mm以下、速度50m/分以下、傾斜角度35度以下の条件が追加された。

2 その他の電気設備計算実務

本文に述べたほかに、電気設備に関する計算としては、**表2-6-4**のようなものがある。

[表2-6-4] 各種の電気設備に関する計算

項目	計算業務	内容
共通	工事費の計算（積算をして見積書を作成）	「明細見積書」「概算見積書」がある。積算は機器の数量、配管、配線の数量などを集計し、歩掛り（ぶがかり）と電工数、経費などを計算する。
	屋外施設の風圧強度の計算（多雪地域は積雪も考慮）	・屋上に施設するBSアンテナ、テレビアンテナ、ネオン看板などの風圧強度を計算する。 ・架空電線路の電線、支持柱の強度計算をする。同一ダクト・同一配管に電線・ケーブルを11条以上収容する場合は、許容電流も含めて計算する。
	金属ダクト、配管サイズの計算	
	システム検討のための計算	ランニングコスト、イニシャルコストを試算する。
	維持管理費の計算	・光熱費の計算（電気、電話料金など） ・保守契約費の計算（外注費、人件費など） ・維持管理費の計算（ランプ、機器の修繕費など）
受変電設備	発熱量と換気の計算	屋内型の大型機器の場合、冷房も対象になる。
	騒音の計算	低周波数帯域の固体伝播の音には注意する。
	電力系統の保護協調の計算	絶縁協調も含まれる。
発電機設備	煙道の太さ、冷却水、換気、燃料の容量計算	機種、設置場所、運転時間を含めて計画時に計算する。
	騒音（振動）の計算	消音器、遮音壁、吸音材などの検討が必要。
蓄電池設備	換気の計算	電話用の蓄電池室、交換機室も換気の検討が必要。
幹線設備と通信設備	誘導障害（ノイズ電流）の計算	近接する電力ケーブルによる通信ケーブルへの電磁障害を計算で検討する。
電話設備	電話通話量の計算	中継台の台数算定を計算する。
放送設備	音量と明瞭度の計算	音響装置の音量、残響、明瞭度などを計算する。

3 図例集

　建築電気設備の設計図は、一般的に、平面図、系統図および機器の形状図による。さらに概要書、標準仕様書、特記仕様書が添付されるが、大手の設計事務所（建設会社内の設計事務所を含む）の場合は、各社ごとの標準仕様書を図書として発行していることが多い。一般的には、一般社団法人 公共建築協会が発行している『公共建築工事標準仕様書（電気設備工事編）』を用いるとよい。

　実際の工事現場では、引込配線の処理方法、主要な機器の取付方法などについて、詳細な設計図が必要であり、不足していると作業者がスムーズに作業できなくなってしまうことがある。しかし、設計者が工事経験者の場合は、経験をもとにして詳細な取付図、納まり図などを作成できるが、現場経験の浅い設計者には具体的に表現することは難しい。

　初心者にもわかりやすいように、設計、施工の実務に必要と思われる詳細図をまとめておく。また、建築物の用途によって必要となる特殊な設備や、特別な注意を払わなければならない施工方法についても掲載している。

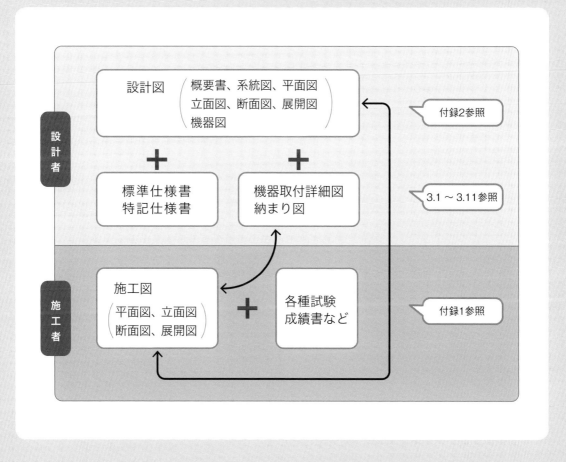

3.1 電気の引込み

1 高圧配電架空引込み

（1） 引込線装柱図

図3-1-1は、高圧架空引込線の例である。

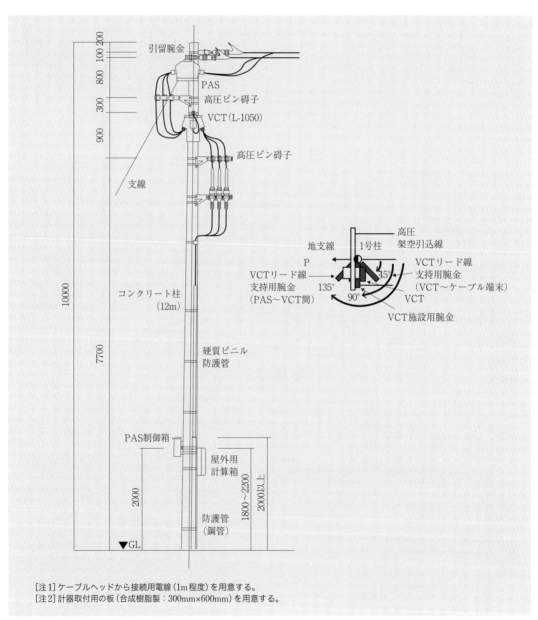

[注1] ケーブルヘッドから接続用電線（1m程度）を用意する。
[注2] 計器取付用の板（合成樹脂製：300mm×600mm）を用意する。

[図3-1-1] 受電用1号柱の装柱図例

※ 東京電力供給区域内の例
【引用・参考文献】JEAC8011-2014「高圧受電設備規程」付録（東京電力株式会社 監修）IV-7図〔（一社）日本電気協会発行〕

(2) 引留め箇所

1.5m腕金具を使用する。今後変圧器・開閉器などの設置が予想される場合は、1.8m腕金具を使用するとよい。

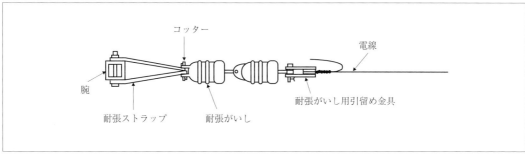

[**図3-1-2**] 片引留め装柱例

(3) 外壁のケーブル引込図

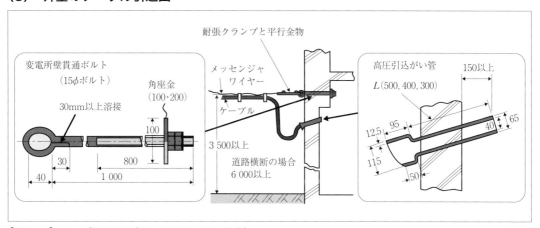

[**図3-1-3**] ケーブル引込図（6kV CV 22×3Cの場合）

2 高圧配電地中引込み

（1） 高圧ケーブルの引込管路

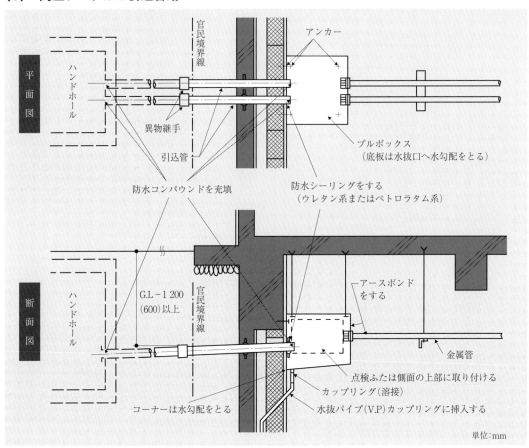

［図3-1-4］ 高圧配電地中引込部分詳細図

※1： ボックス、金属管の接地抵抗10Ω以下、接地線5.5mm²以上とする。
※2： CVTケーブルの許容曲げ半径〔mm〕は、------ より合わせ外径〔mm〕×8とする。
※3： 引込管が2本以上のとき、引込管の中心間隔は直径130φの場合で320mm以上とする。
※4： 管路の埋設土管は、重量物（車両など）の荷重がかかる場合は1.2m以上とし、その他の場合は0.6m以上とする。

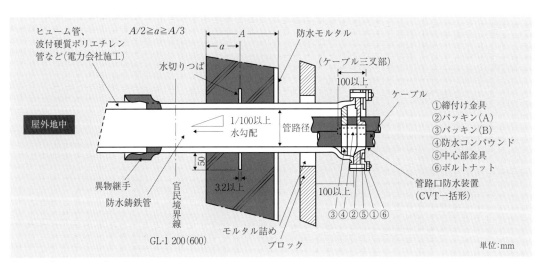

［図3-1-5］ 防水鋳鉄管詳細図

3 高圧配電用高圧キャビネットの据付け

　地中引込みの場合、高圧配電線から分岐して引き込むときには**図3-1-6**のような高圧キャビネットを据え付けることが多い。高圧キャビネットには、図3-1-6の自立型のほかに、建物の側面に取り付ける壁掛型がある。

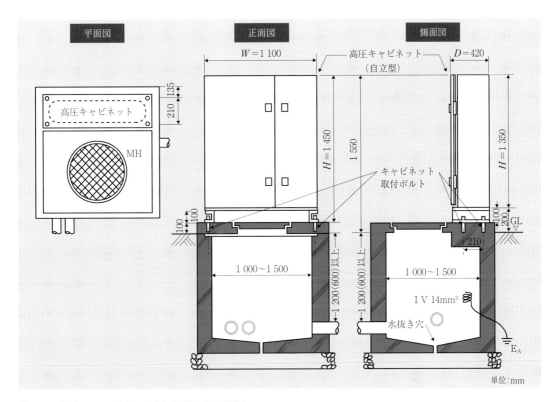

[図3-1-6] 高圧キャビネット（自立型）の据付図例

※1：上図の寸法は、自立型キャビネット取付ボルト（φ13、長さ150mm以上）の埋込寸法である。
※2：ボルト頭は基礎面から50mm出す。ハンドホールなどの寸法は電力会社と協議する。
※3：設置方法は電力会社と協議する。
※4：管路の埋設土管は、重量物（車両など）の荷重がかかる場合は1.2m以上とし、その他の場合は0.6m以上とする。
※5：高圧キャビネットの接地は専用のA種接地工事とし、接地線はIV 14mm²とする。

[表3-1-1] 高圧キャビネット固定用アンカーボルトの計算例

電力会社		$W \times H \times D$ (mm)	重量（kgf）	アンカーボルト最小径	本数	備考
北海道電力		—	—	—	—	該当設備なし
東北電力	自立型	1 100×1 350×420	—	—	—	電力会社基準：13φ×150mm以上4本
	壁掛型	1 100×1 100×420	—	—	—	
東京電力	自立型	1 100×1 350×420	193	M8	4	
	壁掛型	1 100×1 100×420	—	—	—	
中部電力	自立型	900×1 050×420	380～470	M10	4	
北陸電力	自立型	900×1 050×420	—	—	—	
関西電力		—	—	—	—	該当設備なし
中国電力	自立型	1 100×1 350×300	—	M8	4	
	自立型	1 100×1 350×420	250	—	—	
四国電力	自立型	900×1 050×420	380	M10	4	
九州電力	自立型	1 000×900×500	460	—	—	すべて電力会社工事

※1：各電力会社資料に基づき固定部アンカーボルトの必要最小径と本数を試算したものである。
※2：設計用標準震度は、K_S＝1.0とした。
※3：重心位置は、H_gは2/3Hとし、D_gはアンカーボルト間の中心とした。

4 低圧配電引込図

架空低圧引込みの例を示す。特記のない寸法の単位は〔mm〕とする。

図3-1-7は低圧の電灯（従量電灯契約で120A以下）の場合、**図3-1-8**は同じく120A以下で引込開閉器が必要（引込線取付点から引込開閉器までの距離が8mを超えるもの）な場合、**図3-1-9**は120Aを超え、かつ必要な変流器が設置されている場合の図である。

図中の④～⑥部分の詳細を**図3-1-10**に示す。

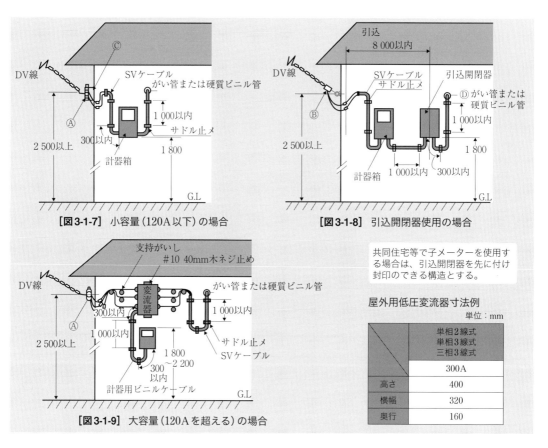

［図3-1-7］ 小容量（120A以下）の場合

［図3-1-8］ 引込開閉器使用の場合

［図3-1-9］ 大容量（120Aを超える）の場合

共同住宅等で子メーターを使用する場合は、引込開閉器を先に付け封印のできる構造とする。

屋外用低圧変流器寸法例

単位：mm

	単相2線式 単相3線式 三相3線式
	300A
高さ	400
横幅	320
奥行	160

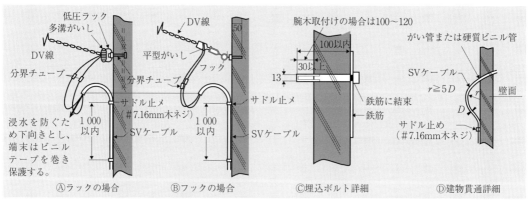

［図3-1-10］ 図3-1-7～図3-1-9の④～⑥部分詳細図

※1：計器箱の取付けは厚さ15mm以上の防腐塗料を施した木台類を用いる。木造営材でメタルラス、ワイヤラス金属板張りの場合は、厚さ20mm以上の木台類を用いて、造営材より絶縁する。
※2：SVケーブルの屈曲半径rは、ケーブル外径Dの5倍以上とする。

144

3.2 受変電設備

1 キュービクル変電設備の設備図

高圧受変電設備としてキュービクル変電設備(以下、「キュービクル」と記す)が普及している。参考としてキュービクルの各部の寸法を**図3-2-1**に示す。変圧器および配電盤部分は図3-2-2参照。なお、低圧配電盤部分は省略し、受電部分のみとしている。

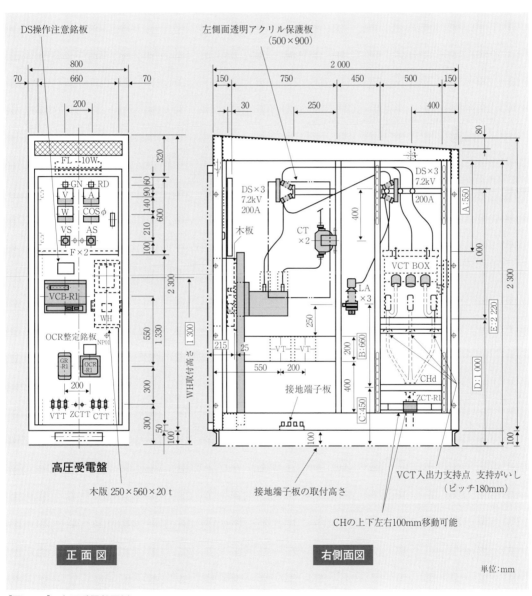

[図3-2-1] 高圧受電盤図例

【引用・参考文献】宇賀神電機株式会社 提供資料

2 キュービクルの各部寸法と重量

建築計画を行ううえで、キュービクルが占めるスペースや重量の概略値を把握しておく必要がある。計画時には、あらかじめ**図3-2-2**のような資料をもとに検討するとよい。

また、耐震計算にも重量の値が必要になるため、盤ごとに寸法・重量を求めておく。施工の段階で実際に用いるメーカーを決定した後に、改めて数値の検討を行う。

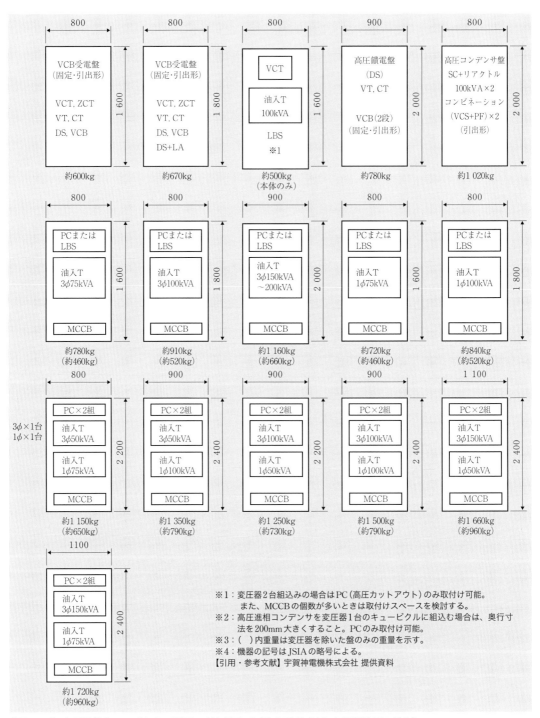

[**図3-2-2**] 変圧器盤キュービクルの平面の寸法（幅と奥行）と重量（油入変圧器使用の場合）

146

3 キュービクルの基礎部分

キュービクルを屋上に設置する場合は、耐震性能の確保と防水対策、振動騒音対策も併せて検討する。

また、基礎図作成の際には、次のことに留意する。

① 「配電盤類の耐震設計マニュアル」(一般社団法人 日本配電制御システム工業会 技術資料 JSIA-T1018)に準拠し、チャンネルベースの固定方法を規定する。

② 長さ10mを超えるチャンネルベースは、熱膨張を考慮してアンカーボルト孔に余裕をもたせる旨を特記する。

③ 自家発電用キュービクルの防油堤の有無は、消防機関との協議による。

④ ポリ塩化ビニル(塩ビ)製のキャップは、躯体への浸水防止のため、アンカーボルトの材質によらず原則として設置する。

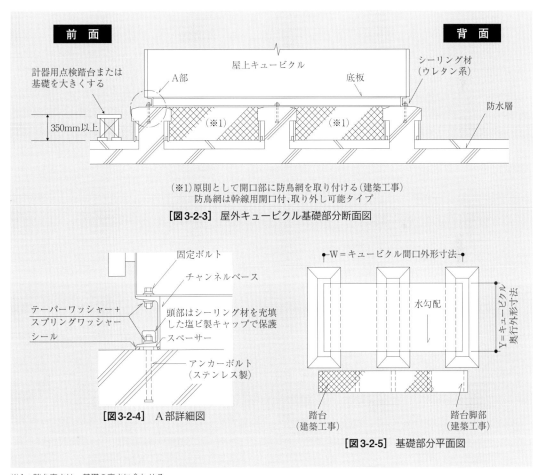

(※1)原則として開口部に防鳥網を取り付ける(建築工事)
防鳥網は幹線用開口付、取り外し可能タイプ

[図3-2-3] 屋外キュービクル基礎部分断面図

[図3-2-4] A部詳細図

[図3-2-5] 基礎部分平面図

※1:踏台高さは、基礎の高さに合わせる。
※2:踏台長さは、キュービクルの間口+500mm以上 とする。
※3:アンカーボルトはヘッド付埋込アンカーを例としている。

147

3.3 発電機設備

1 発電機の設備図

図3-3-1は300kVAのディーゼルエンジン発電機の設備図の例である。機器の本体が外部から見えるような、開放された形状であることから、オープン型（開放型）発電装置という。これに対し、パッケージ型発電装置は、容量が250kVA程度以下かつキュービクルタイプのものを指す。

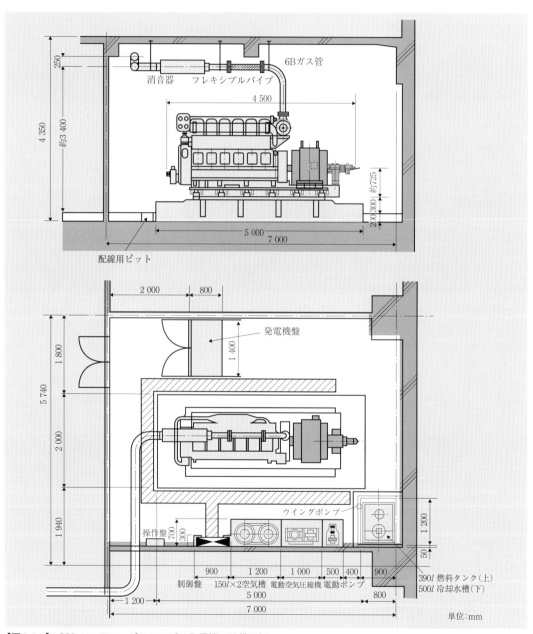

［図3-3-1］ 300kVAディーゼルエンジン発電機の設備図例

2 防災用ディーゼルエンジンの冷却方式

[表3-3-1] 防災用ディーゼルエンジンの冷却方式

冷却方式	空冷式 （ラジエータ式）		ラジエータ式は小型機関や水の便の悪い場所に用いられ、他の水冷方式よりもシステムが簡単である。しかし、屋内設置の場合は室内換気量が多いため、騒音が大きいことに注意する。ラジエータにより空気と熱交換された熱は、排気ダクトにより屋外に放出するか、直接室内に放出し、換気により排出する。
	水冷式	放流式	冷却水系統が簡単で信頼性が高く、設備費が安い。ただし、多量の水（40l/PS・h程度）を必要とし、断水時には発電機を停止しなければならない。
		水槽循環式	発電機室などの二重床スラブに設置した地下水槽などにより冷却水を循環使用する方式である。運転経費が安く、断水時も水温上昇限度まで運転が可能であるが、比較的大きな水槽が必要になるため、建設費が多くかかる。
		クーリングタワー式	冷却水の消費量は比較的少なく、長時間運転に適しているが、冷却水ポンプ等の動力が必要である。補給水量は循環水量の3〜5%必要となり、水槽循環式と併用することもある。

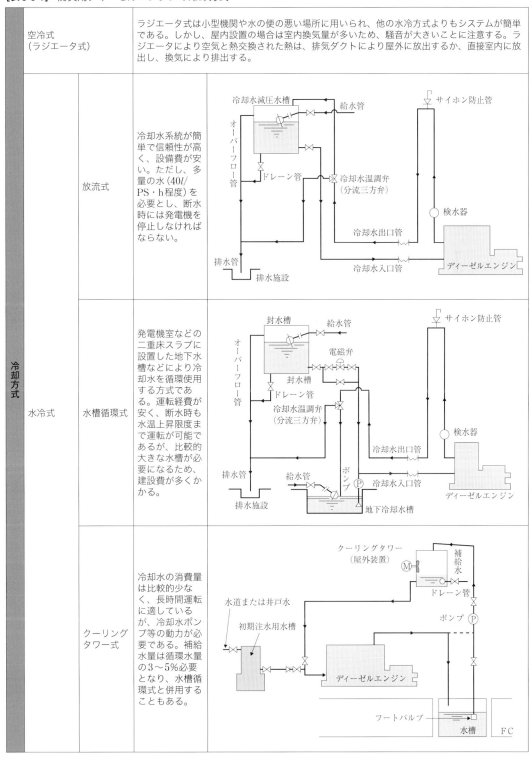

1 幹線の横引き部分

　幹線の工事はバスダクトのほかに、ケーブルおよびビニル絶縁電線を用いて施工する方法がある。下図にバスダクト以外の工事方法における横引き部分を示す。

(1) 支持の種類

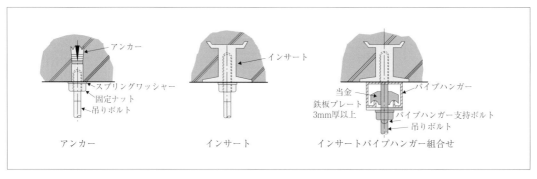

(2) 吊り方の種類

① ワイヤリングダクト方式

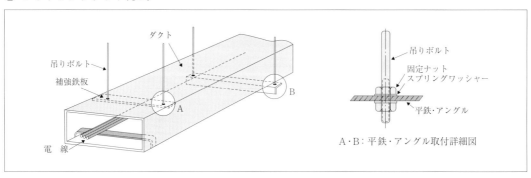

② ケーブルラック方式

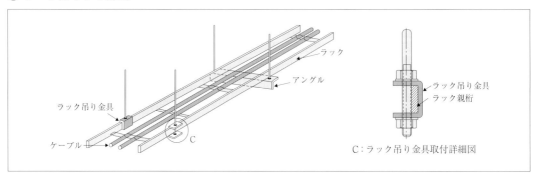

③ 配管方式

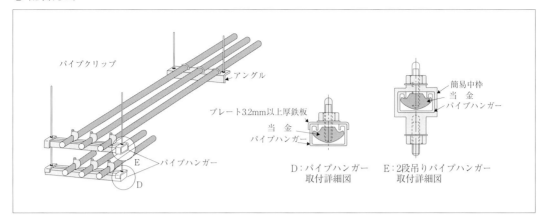

D：パイプハンガー
取付詳細図

E：2段吊りパイプハンガー
取付詳細図

(3) 各部の寸法

単位：mm

吊り方の種類	寸法	吊りボルトの径	支持金物の厚さ	パイプハンガーなど
ワイヤリングダクト方式	500×250以下	9以上	5以上	1.6×40×25以上
	500×300以上	12以上	5以上	1.6×40×40以上
ケーブルラック方式		9以上		
配管方式	幅900以下	9以上	5以上	1.6×40×25以上
	幅1 000以上	12以上	5以上	1.6×40×40以上

2 集合住宅の幹線シャフト

集合住宅の電気用配線は、ガス、給水配管と同じシャフトを共用する例が多い。その場合、シャフト内のガス爆発事故の防止のため、前面に換気口を設けるか区画を施す（**図3-4-3**）。

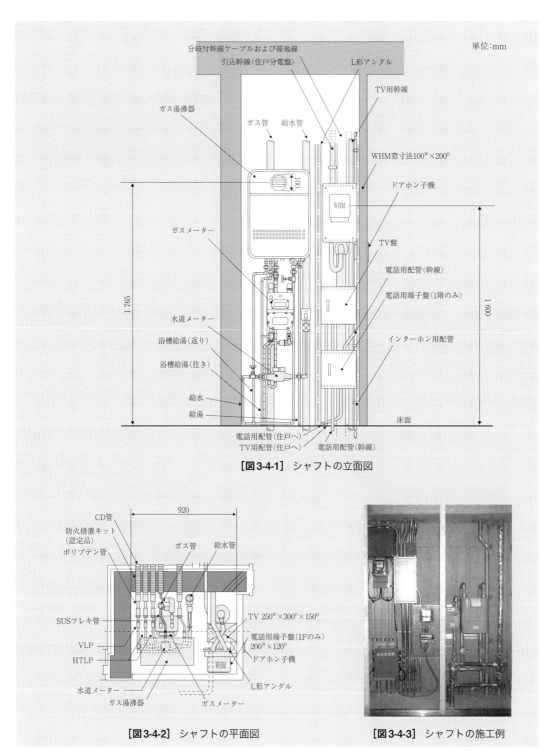

単位:mm

分岐付幹線ケーブルおよび接地線
引込幹線（住戸分電盤）
L形アングル
TV用幹線
ガス湯沸器
ガス管　給水管
WHM窓寸法100^W×200^H
ドアホン子機
ガスメーター
TV盤
電話用配管（幹線）
電話用端子盤（1階のみ）
水道メーター
インターホン用配管
浴槽給湯（返り）
浴槽給湯（往き）
給水
給湯
床面
1 765
1 600
100
WHM
電話用配管（住戸へ）
TV用配管（住戸へ）　電話用配管（幹線）

[図3-4-1] シャフトの立面図

920
CD管
防火措置キット（認定品）
ポリブテン管
ガス管　給水管
SUSフレキ管
TV 250^W×300^D×150^H
電話用端子盤（1Fのみ）200^W×120^D
VLP
HTLP
WHM
ドアホン子機
水道メーター
L形アングル
ガス湯沸器
ガスメーター

[図3-4-2] シャフトの平面図

[図3-4-3] シャフトの施工例

3 防火区画の耐火処理

(1) PF管・CD管の場合

PF管・CD管を防火区画貫通部に直接貫通させることはできないため、下記の工法で耐火処理を行う。

① PF管：建築基準法施行令第112条第15項および第129条の2の5第1項および国土交通大臣の認定を受けた工法による。**図3-4-4**はその一例。

② CD管：上記①、または**図3-4-5**の工法のいずれかによる。

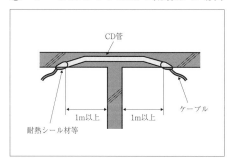

電線管サイズ	L_1 (mm)	L_2 (mm)
19	200	97
25	200	97
31	200	102
39	200	112
51	200	114
63	400	130
75	400	130
82	500	130
92	500	130
104	500	130

［図3-4-4］ 鋼製電線管を用いた防火区画貫通部措置工法例

(2) ケーブルの場合

① ケーブルラックにより配線する場合

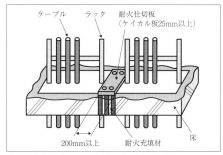

［図3-4-5］ CD管の防火区画貫通部措置工法例

［図3-4-6］ ケーブルラックの工法例

② 床ピットに配線する場合

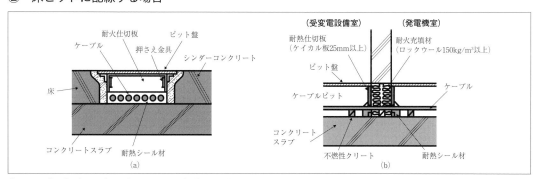

［図3-4-7］ 床ピット内の防火区画貫通部措置工法例

4 エキスパンション部分の配線

　ビルが2棟以上接続する場合、電源配線および制御・通信用配線など、棟から棟への連絡が必要となる。このとき、たとえ構造的に同じような建築物であっても、地震時に2つのビルが異なった動きをすることがあり、接続部の配線に過度の機械的な力が加わって、電線ケーブルが切断されることなどが予測される。このような、ビルの接合部分に用いられるエキスパンション部分への配線方法・対策例を**表3-4-1**および**図3-4-8**、**図3-4-9**に示す。

[**表3-4-1**]　建物エキスパンションジョイント部を通過する電気配線の耐震措置例

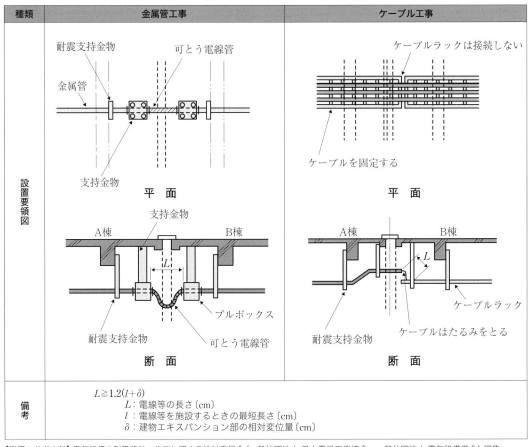

種類	金属管工事	ケーブル工事
設置要領図	平面 / 断面	平面 / 断面
備考	$L \geqq 1.2(l+\delta)$ 　L：電線等の長さ〔cm〕 　l：電線等を施設するときの最短長さ〔cm〕 　δ：建物エキスパンション部の相対変位量〔cm〕	

【引用・参考文献】電気設備の耐震設計・施工に関する検討委員会（一般社団法人 日本電設工業協会、一般社団法人 電気設備学会）編集
『建築電気設備の耐震設計・施工マニュアル（改訂第2版）』図7.2-1

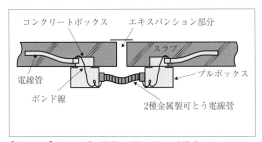

[**図3-4-8**]　スラブに配管を埋め込んだ場合

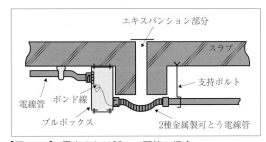

[**図3-4-9**]　露出または隠ぺい配管の場合

3.5 動力設備

1 電動機への配線

　ビル内の動力設備は、空調設備、換気設備、衛生設備の3つに大きく分けられる。

　空調設備と換気設備は、ファンを経由して電動機（モータ）に配線し、設備の種類（床置き／天井吊り）によって配線方法が異なる。衛生設備は、ポンプから電動機に配線し、水中ポンプまたは床置きの設備に配線する。

　床置きの場合、天井吊りの場合の配線図をそれぞれ以下に示す。

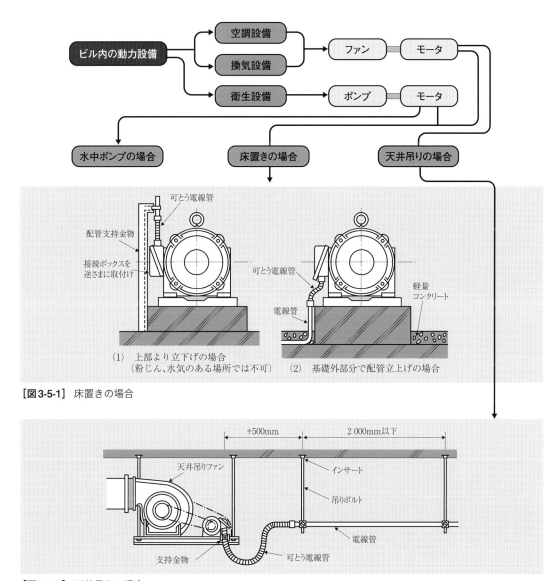

[図3-5-1] 床置きの場合

[図3-5-2] 天井吊りの場合

2　電極の取付けと配線

　衛生設備の水位制御は日常生活に直結し、保健衛生および防災面で欠かすことのできない重要なものである。

　水位制御の方法には、電極棒を用いるものとレベルスイッチ（水位制御センサー）を用いる方法がある。後者は汚水槽に適している。

（1）　レベルスイッチの取付図

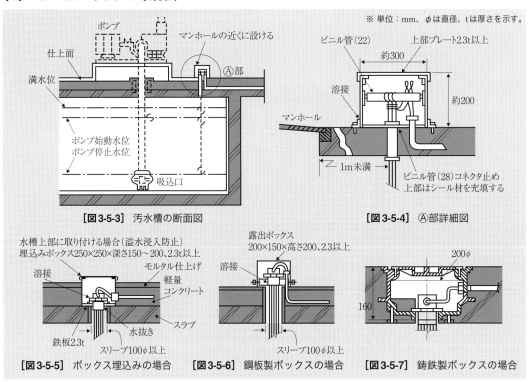

※ 単位：mm、φは直径、tは厚さを示す。

[図3-5-3]　汚水槽の断面図

[図3-5-4]　Ⓐ部詳細図

[図3-5-5]　ボックス埋込みの場合

[図3-5-6]　鋼板製ボックスの場合

[図3-5-7]　鋳鉄製ボックスの場合

（2）　水位電極棒の取付図

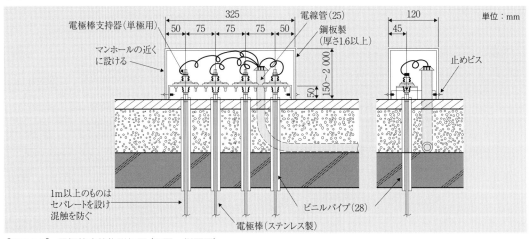

[図3-5-8]　電極棒支持物詳細図（正面・側面図）

156

3 動力制御盤の取付けと屋外動力への配線

　動力制御盤は、**図3-5-9**の制御盤のように自立型のものが多いが、小容量および制御内容の少ない負荷の場合は、壁掛型、壁埋込型となる。同図に示すように、盤は地震の際に転倒しないよう壁面にもドリルアンカーなどで固定する。

　屋外に設備した動力負荷への配線は、**図3-5-10**のように行う。接地工事（接地線、アースボンドなど）を忘れず実施する。

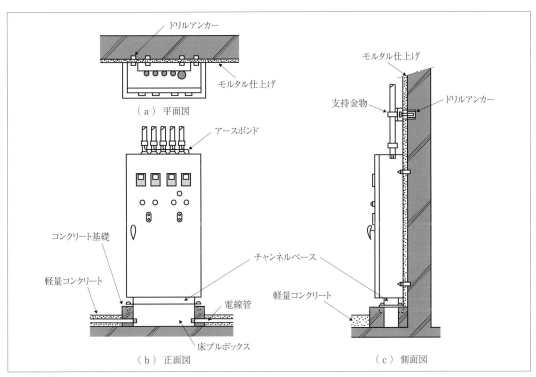

（a）平面図
（b）正面図
（c）側面図

[**図3-5-9**]　動力制御盤の取付図

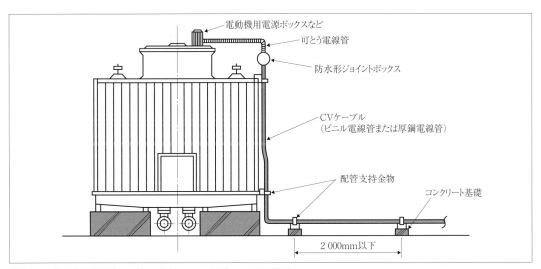

[**図3-5-10**]　屋外機器（クーリングタワー、水槽）への露出配線

3.6 電灯コンセント設備

1 床埋設配管

　床埋設配線は、鋼製電線管またはポリ塩化ビニル（塩ビ）系の樹脂管が用いられてきたが、近年はこれらに代わってCD管、PF管が用いられるようになった。

　CD管およびPF管は、薄鋼電線管に比し配管の外径が太くなるので、コンクリート内に埋設する場合には、設計および施工の際に注意が必要となる。特に合成床板に注意する。

（1）　床に埋設する配管の離隔距離

　平行した配管は、ボックスの接続部分を除いて20cm程度離す（**図3-6-1**、**図3-6-2**参照）。

（2）　コンクリートのかぶりしろ

　建築基準法によりコンクリートの表面と鉄筋の間隔は3cm以上としなければならない（**図3-6-3**参照）。したがって、CD管等は図のように鉄筋と鉄筋の間に納める。

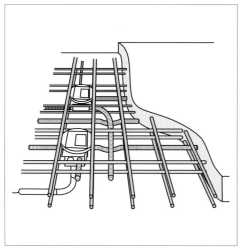

[**図3-6-1**]　床埋設配管の様子

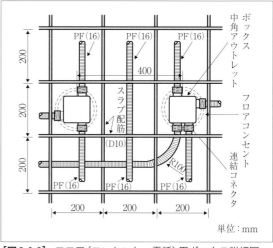

[**図3-6-2**]　フロア（コンセント、電話）用ボックス詳細図

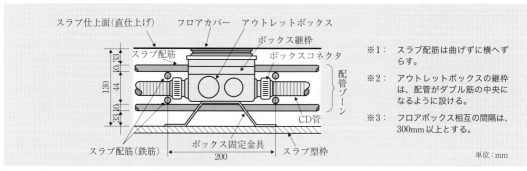

[**図3-6-3**]　床埋設配管とフロアボックス納まり図

2 分電盤の取付け

　分電盤は電灯、コンセント回路の配管が集中するので、壁面埋込型とする場合は建築の構造的強度を損なわないようにしなければならない。施工方法には、**図3-6-4**に示す壁掛型（露出型）と**図3-6-5**の自立型がある。

　特に、屋外に接する壁には分電盤を埋め込んではならない。外壁面に配管が集中すると、ひび割れを生じさせ漏水を招くおそれがある。

　分電盤の位置は電気用シャフトなど専用のスペースにすると、増改修工事および保守管理の作業がしやすく、かつ安全性が増す。

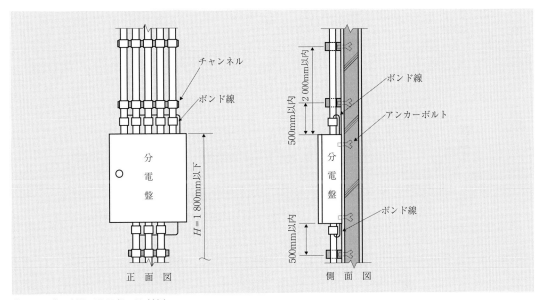

[図3-6-4]　壁掛型分電盤の取付例

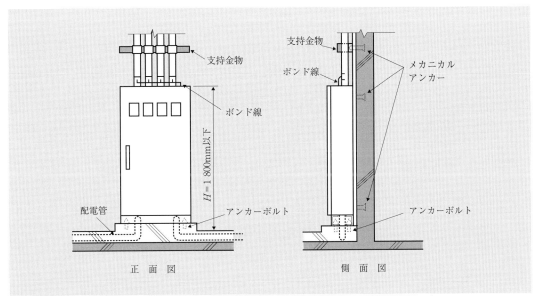

[図3-6-5]　自立型分電盤の取付例

3 分電盤周辺の配線

図3-6-6は、2階に設けた分電盤への床からの電線管と、天井からのケーブルラックの配線を示した断面図である。**図3-6-7**は、分電盤周辺の配管をさらに拡大したものである。

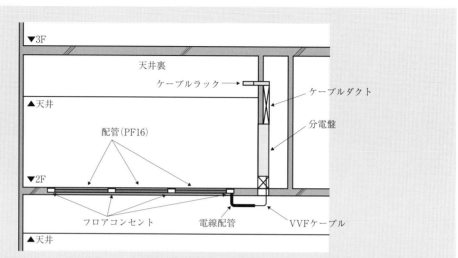

[図3-6-6] 断面図

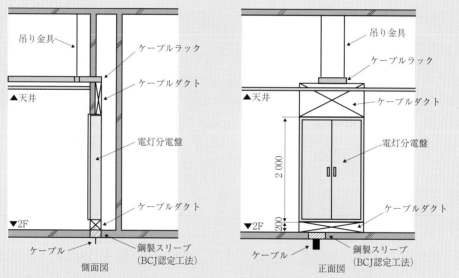

[図3-6-7] 分電盤周辺の配管納まり参考図

※1： 配管は合成樹脂可とう管とし、付属品は配管および施設場所に適合するものとする。
※2： 埋込配管および貫通配管の施設
    a. 配管の埋込および貫通は、建造物の構造および強度に支障のないように行う。
    b. コンクリート埋込配管は、下記による。
      ① コンクリートの被りは、30mm以上とする。
      ② 埋込配管サイズは、PF（16）（外形寸法：23mm）以下とする。
      ③ スラブ配管は、盤回りを除き、管相互の隔離は70mm以上とし、1m幅に4本を超えて並列させない。
      ④ 盤内での横引き配管および交差はしない。
    c. 管を造営材に取り付けるには、サドル、ハンガーなどを使用し、その取付間隔は1m以下とする。ただし、管相互の接続点および管とボックスとの接続点では、接続点に近い場所で管を固定する。
※3： フロアボックス間隔は300mm以上とし、かつ、梁（はり）側面から500mm以上離す。なお、フロアボックスは極力スラブ配筋の中央に設置する。

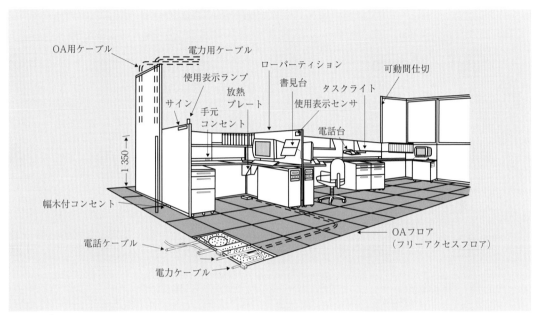

4 床配線

　事務所等の床配線は、OAフロア（フリーアクセスフロア）を用いることが多い。PC等の情報通信機器の導入により、コンセント配線・OA機器用配線量の増加やレイアウト変更対応の必要性、躯体埋設対応による構造的な問題が発生するが、OAフロアの場合、それらの問題に対応しやすい。

　図3-6-8は、事務所のレイアウトとその配線システムの例である。

[**図3-6-8**] 事務所の配線システム例

ビジネスホテルの電灯コンセント配線図およびテレビ、電話などの配線を**図3-6-10**に示す。

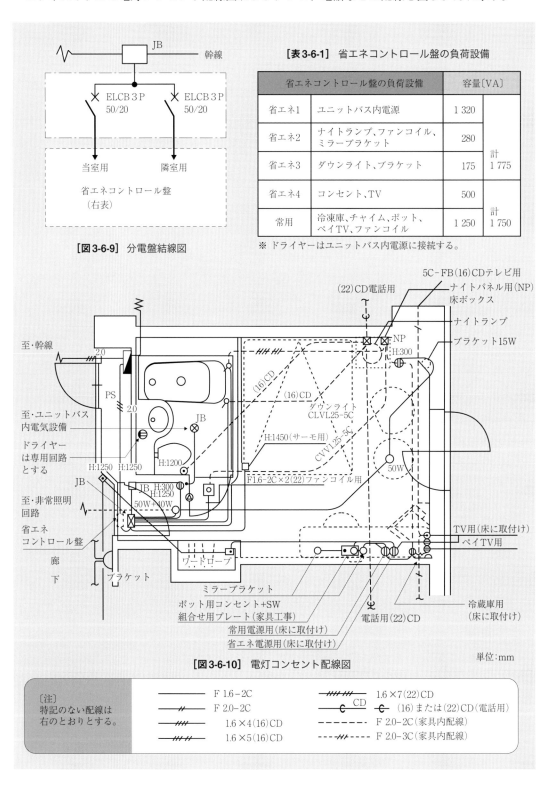

[表3-6-1] 省エネコントロール盤の負荷設備

省エネコントロール盤の負荷設備		容量〔VA〕	
省エネ1	ユニットバス内電源	1 320	計 1 775
省エネ2	ナイトランプ、ファンコイル、ミラーブラケット	280	
省エネ3	ダウンライト、ブラケット	175	
省エネ4	コンセント、TV	500	
常用	冷凍庫、チャイム、ポット、ペイTV、ファンコイル	1 250	計 1 750

※ ドライヤーはユニットバス内電源に接続する。

[図3-6-9] 分電盤結線図

[図3-6-10] 電灯コンセント配線図

単位:mm

〔注〕
特記のない配線は
右のとおりとする。

———	F 1.6-2C	—/////	1.6×7(22)CD
—//—	F 2.0-2C	—c—CD—c—	(16)または(22)CD(電話用)
—///—	1.6×4(16)CD	----	F 2.0-2C(家具内配線)
—////—	1.6×5(16)CD	--//---	F 2.0-3C(家具内配線)

6　ホテルの間仕切壁の遮音対策配線

(1)　床・ボックスによる配線処理

ホテル・病院などでは、隣室からの音漏れが竣工後の不具合事項として多くあげられる。これを防止するには、設計の段階から注意を払わなければならない。

具体的な方法として、**図3-6-11**に示すように、コンクリートの床面にボックスを設置する。室内に設置するナイトテーブル、テレビ、冷蔵庫、フロアスタンドなどへの電源用配線、電話・放送等通信用配線は、図のようにボックスを用いて行う。

強電用のボックスと弱電用のボックスを共用するときは、配線が混触しないように内部にセパレータを用いる。金属製のボックスの場合は、C種接地工事を施す。

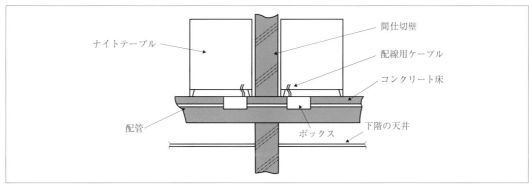

[図3-6-11]　コンクリート床へのボックス埋設

(2)　間仕切壁を貫通する配管の処理

天井裏の太い配管が間仕切壁を貫通する場合、配管の周囲にすき間があると、そこから音が漏れるおそれがある。対策として、**図3-6-12**のような処理を行う。

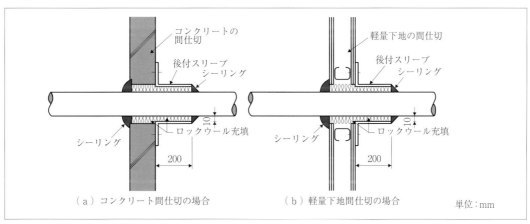

[図3-6-12]　電線管の貫通部処理図

(3)　その他

隣室に接しない壁面、柱のふかし壁に設けるボックスの場合は、特に遮音対策の必要はない。

163

7 寮室の電灯コンセント配線

単身者向けの寮の電灯コンセント配線図例を示す。電気機器の消し忘れによる火災事故を防ぐため、また省エネ対策のため、電磁接触器を使用して、退室時に不要な負荷用電源が自動で切れる仕組みになっている。

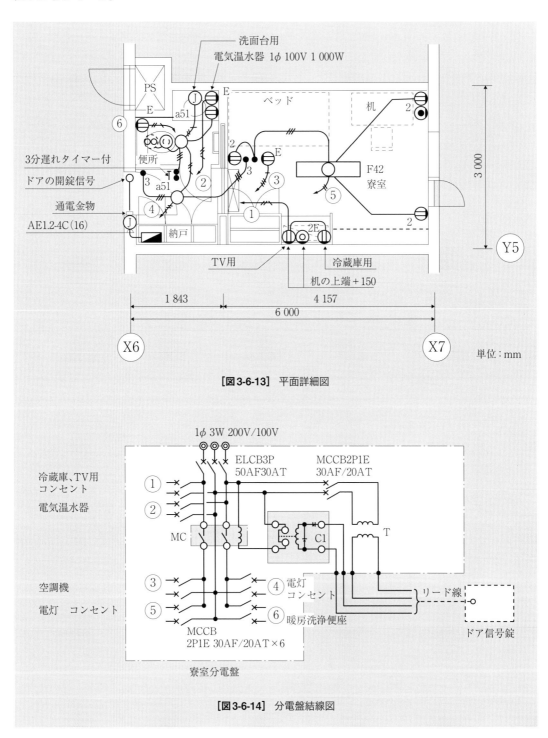

[図3-6-13] 平面詳細図

[図3-6-14] 分電盤結線図

164

8 プレハブユニットケーブルの配線

(1) プレハブユニットケーブルの特長

　プレハブユニットケーブルとは、住宅用分電盤以降の機器や配線器具への配線をプレハブ化したものである。ケーブルの加工がすでに施されているため現場での加工が不要で、工事の省力化、品質管理、安全管理、生産性の向上、資源の有効利用と廃材発生の防止など、多くの利点がある。特に工費を含めたトータルコストが大幅に低減されるのが大きなメリットである。

　配線工事に限らず建築生産技術のプレハブ化は重要なテーマであり、資材のプレハブ化、部材のユニット化はメーカー、ユーザー、施工者のニーズが反映されたものでなければならない。

　プレハブユニットケーブル（以下、ユニットケーブルという）には、幹線用分岐付ケーブル、屋内配線用ユニットケーブル、弱電分岐ケーブルなどがある。

(2) 二重天井の配線

　図3-6-15は、天井内に収納するユニットケーブルの設計図例である。

　図3-6-16は、部屋ごとにユニットケーブルを設けた場合の図例である。

(3) 直天井の配線

　図3-6-17は直（じか）天井といい、図のようにコンクリートスラブに仕上材をじかに貼り付ける工法の場合には、CD管および埋込みボックス類を布設後、ユニットケーブルを通線する。

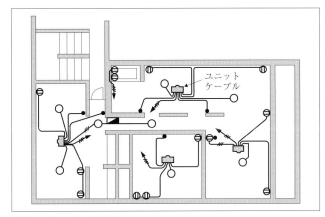

[図3-6-16] 屋内配線図

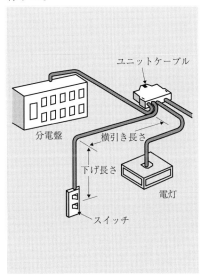

[図3-6-15] ユニットケーブル

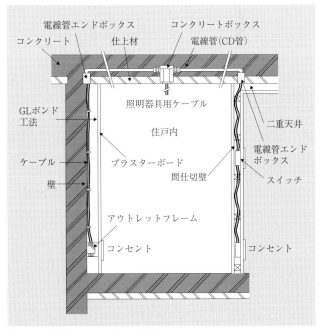

[図3-6-17] 直天井の配線取付断面図

9 病室のユニットケーブル配線

病院における入院患者のベッドルーム、いわゆる病室に対する電気配線には、天井・壁に設ける照明、点滅器、コンセント用の配線のほかに、ナースコールシステムの配線がある。

図3-6-18は1つの病室内に6台のベッドがある場合のナースコールシステムの例である。ナースコール子機（図中N1～N6）から患者が呼び出し信号を発信すると、ナースステーション（看護師の常駐室）に信号が送られるとともに、出入口付近に設置されている表示灯が点灯する。

同じタイプの病室が多い場合は、図3-6-18のようなユニット配線をすることにより、施工の省力化と施工品質の均質化を図ることができる。また、残材も少ないため、資材管理の点でもコストダウンとなる。

図3-6-19は病室の断面図で、配線の納まりを示す。

・天井下地の軽鉄を布設後、天井を張る前に配線を施工する。
・分岐付ケーブルを吊りボルトにインシュロックで取り付けた後、所定の機器まで二重天井内配線を行う。
・二重壁がない場合は、壁内にCD管を配管する。

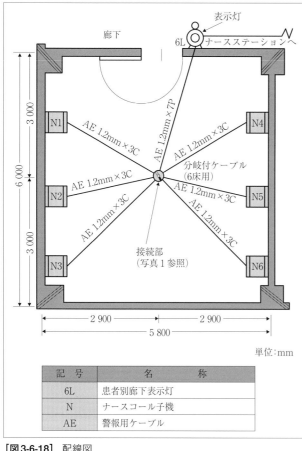

単位:mm

記号	名称
6L	患者別廊下表示灯
N	ナースコール子機
AE	警報用ケーブル

[図3-6-18] 配線図

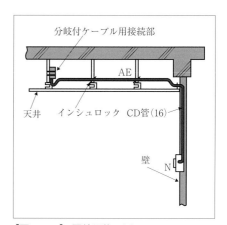

[図3-6-19] 配線用施工図

[図3-6-20] 分岐付ケーブルの接続部
（西日本電線「ルームスター」の例）

10 和室のコンセント取付け

和室の壁および床にコンセントを取り付ける場合の例を示す。

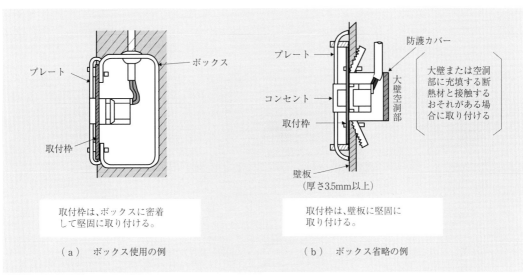

[図3-6-21] 埋込形コンセント取付け

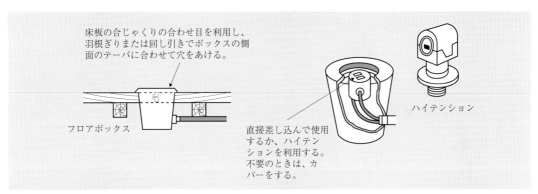

[図3-6-22] フロアコンセントの取付け

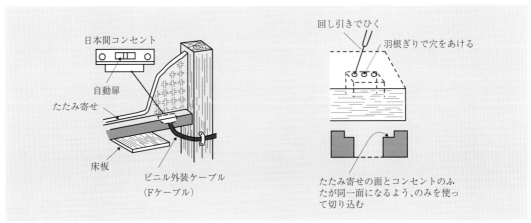

[図3-6-23] 日本間用コンセントの取付け

11 工場の防爆配線

　防爆配線は設置場所の危険度（Zone）に応じて選択されるべきものであり、内線規程などを参照し設計、施工を行う。工場の危険場所などに用いられる例を下図に示す。

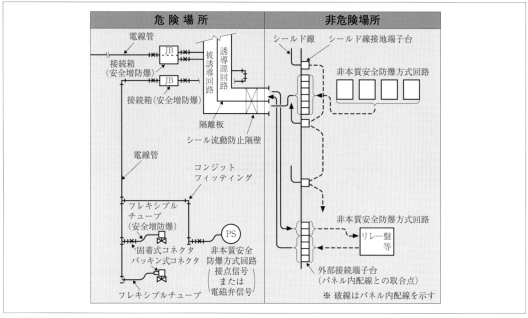

［図3-6-24］ 本質安全防爆方式回路の配線施工例

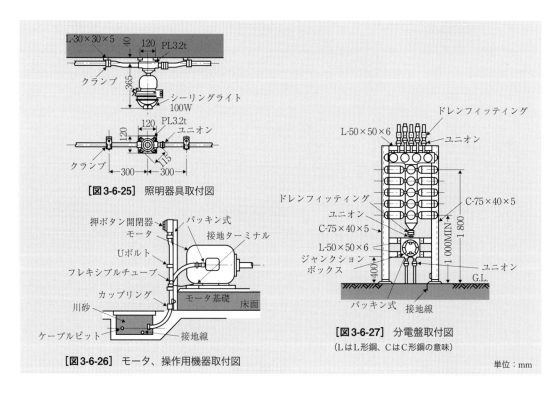

［図3-6-25］ 照明器具取付図

［図3-6-26］ モータ、操作用機器取付図

［図3-6-27］ 分電盤取付図
（LはL形鋼、CはC形鋼の意味）

単位：mm

12 クリーンルームの電灯コンセント配線

　工場、研究所、病院にはクリーンルームが設けられており、室内空気の清浄度が一定レベルに管理されている。クリーンルームへの配線には防じんパッキンを用い、ごみ、ほこり、虫などが入らないように注意する。

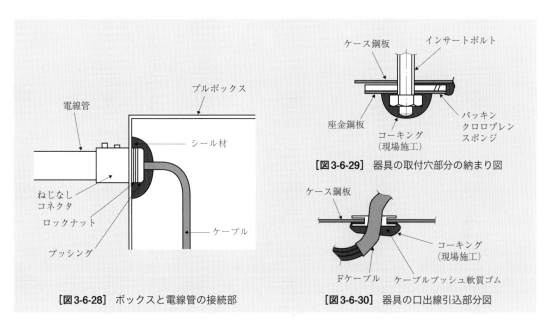

[図3-6-28] ボックスと電線管の接続部

[図3-6-29] 器具の取付穴部分の納まり図

[図3-6-30] 器具の口出線引込部分図

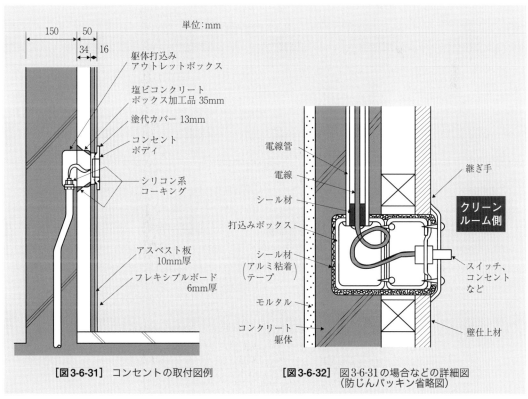

[図3-6-31] コンセントの取付図例

[図3-6-32] 図3-6-31の場合などの詳細図
（防じんパッキン省略図）

13 クリーンルームへの電気設備取付け

　クリーンルームは、天井裏やシャフトなどクリーンルーム外との雰囲気の流通を防ぐ必要がある。クリーンルームへの各種電気設備の取付例を**図3-6-33**～**図3-6-36**に示す。

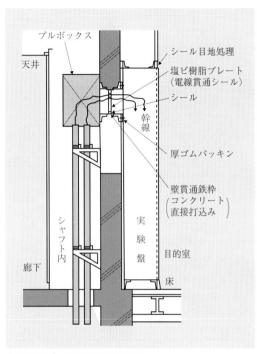

[図3-6-33] 連絡ダクト接続図

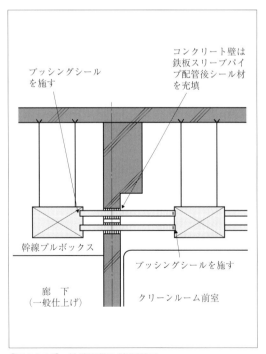

[図3-6-34] 幹線配管の壁貫通図

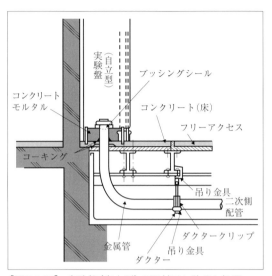

[図3-6-35] 実験盤（自立型）の取付図と防じん処理

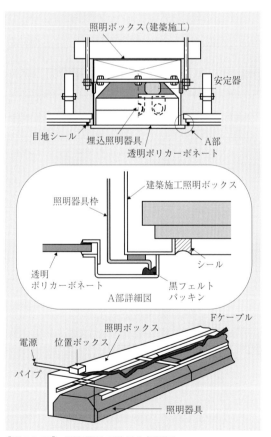

[図3-6-36] 照明器具の防じん処理図

14 クリーンルームの照明器具

　クリーンルームの照明器具に要求される条件として、ほこりがたまりにくく、保守が容易で、気密性に優れている必要がある。クリーンルームの清浄度クラスに合わせて、**表3-6-2**に記載されているような器具が一般に使用されている。

[**表3-6-2**]　クリーンルームの照明器具

クリーン度	照明器具形式	構造・仕様	形状
100 000クラス	天井直付形	・照明器具取付け穴、電源穴などを含むバックボーン全体にゴムパッキンを取り付け、天井からのゴミの侵入を防止する。	厚さ3mmゴムパッキン（単独気泡）／バックボーン／反射板／ソケット／安定器
	天井埋込形	・天井切欠き穴周辺と器具本体額縁との間、ランプハウス、下部透明ガラス支え、額縁については、すべてゴムパッキンで密閉した構造とする。	吸引バネ／安定器298mm／反射板／本体／160mm／厚さ5mmゴムパッキン／ソケット
10 000クラス	天井埋込形	・天井切欠き穴周辺部と器具本体との間のすき間は、コーキング剤で取付け時に現場加工して密封する。 ・透光ガラスカバー枠と本体との組付け密閉度をよくするため、ローレットねじで強固に締め付ける。	ソケット　安定器／反射板／本体／コーキング剤充填／2-M4 ローレットねじ4／スポンジゴム／厚さ2mm ゴムパッキン／厚さ3mm ガラスカバー
100クラス	天井埋込形	・同上の構造に加えて、各板金スポット接合部に対して、コーキング剤で目止めを行い、若干の圧力を加えても本体（天井埋込部）から塵埃が侵入しないようにする。	

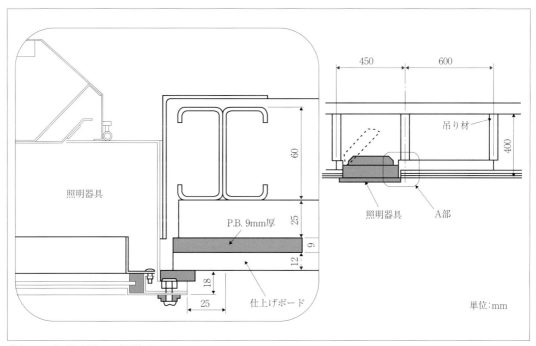

[**図3-6-37**]　照明器具Ａ部詳細図

171

3.7 電話設備

1 電話架空引込み

図3-7-1は、中小ビルの架空引込みの場合、**図3-7-2**は、住宅のように引込回線数が少ない場合の例である。架空引込みとするか、地中引込みとするかは、現場の電話回線の施設状況および引込回線数、引込位置などをあらかじめ検討し、NTT等の電話回線提供者と相談して決める。

有線放送、ケーブルテレビ（CATV）および構内の通信用配線が架空線による場合は、通信用避雷装置などの要否を検討することが望ましい。

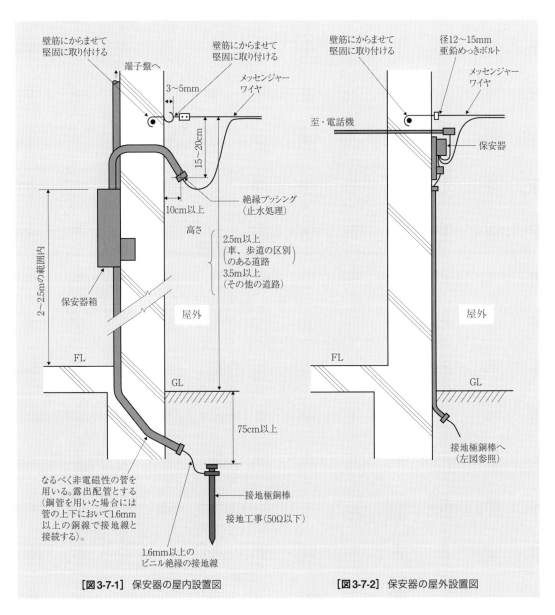

[図3-7-1] 保安器の屋内設置図　　**[図3-7-2]** 保安器の屋外設置図

2 電話地中引込み

電話地中引込図、電話引込用ハンドホール図の一例を示す。

(1) 電話地中引込図

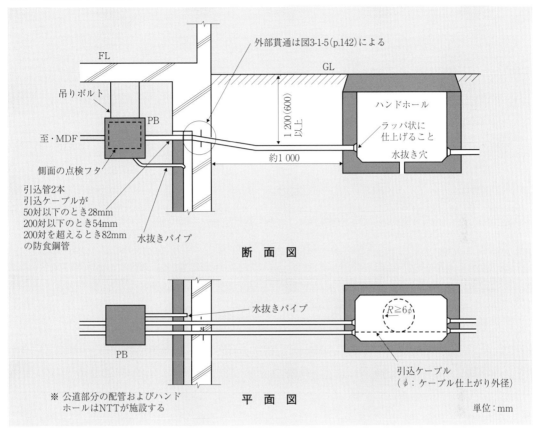

[図3-7-3] 電話地中引込図

(2) 電話引込用ハンドホール図

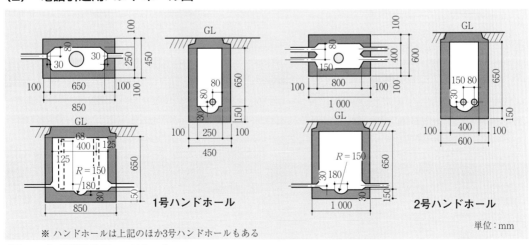

[図3-7-4] 電話引込用ハンドホール

3　光ファイバーケーブルの引込み

（1）　引込配管と構内配管

一般的に、引込配管は**表3-7-1**、構内配管は**表3-7-2**のように示される。プルボックス寸法は省略する。

［表3-7-1］ 光ファイバーケーブル用引込配管サイズ（参考）

引込方法	需要家敷地内	厚鋼電線管と光ケーブル	参考（引込み最大）
地中引込み	51mm以上	54mm（呼称（50））で600C以下、82mm（呼称（75））で601C以上	光ケーブル1 000C、メタルケーブル3 000P
架空引込み	31mm以上		光ケーブル100C、メタルケーブル400P

※ 引込管路条数はメタルケーブル用、光ケーブル用、専用ケーブル用、引換え予備用が必要。

［表3-7-2］ 光ファイバーケーブル用構内配管サイズ（参考）

管　径 ＼ ケーブル心線数	2〜4	5〜10	15〜30	10〜100
19mmまたはCD（16）※	○			
25mmまたはCD（22）※	○			
31mm	○	○		
39mm	○	○	○	
51mm以上	○	○	○	○

※ コンクリート埋設の場合、CD管とする。

（2）　構内光ファイバーケーブルの終端装置の取付け

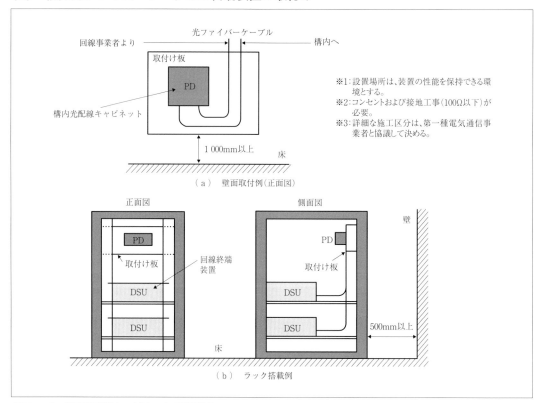

［図3-7-5］ 構内光配線キャビネットの設置図

174

4 電話用屋内配管

フレキシビリティを必要とするオフィス等では、OAフロア（フリーアクセスフロア）が電話用屋内配線方式として多く使われている。

ここでは、従来のフロアダクト方式の配管方法を述べる。この方式は、端子盤への配管が集中することや、コンセント用配管と交さするために床の構造強度を弱めるおそれがあることが欠点としてあげられる。

したがって、**図3-7-6**のように、盤からの配管は3本以下を目安とし、詳細は構造設計者と相談して設計する。

(1) 端子盤以降の配管

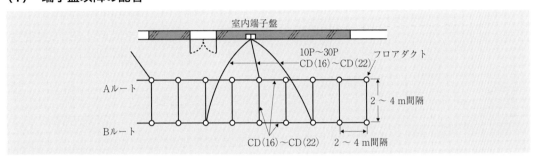

[**図3-7-6**] 室内端子盤-フロアボックス間の配管方法

[**表3-7-3**] 配管の太さの選定

配管の径間	配管の太さ
(1) 主端子盤〜中間端子盤	31mm以上またはケーブルラック
(2) 中間端子盤〜室内端子盤	25mm以上
(3) 室内端子盤〜フロアダクト	25mm以上またはCD（16）以上
(4) 室内端子盤〜電話機アウトレット	19mm以上またはCD（16）以上

(2) 屋内配管のこう長

屋内配管のこう長について、**図3-7-7**に示す。

1. 配管の区間長は20m以内とする。ただし、配管が同一水平面上にあり、かつ直線部分だけの場合は、25m以内とする。
2. ケーブルを収容する垂直配管の一区画の長さは8m以内とする。
3. 配管の曲げは、1箇所あたり90度以内にすることが望ましい。
4. 一区画の配管の曲がり箇所は3箇所以内で、その曲がり角度の合計は180度以内とする。ただし、屋内線のみを収容する配管の曲がり箇所は5箇所以内とし、その曲がり角度の合計は270度以内とする（**図3-7-8**参照）。
5. 曲がり配管の曲率半径は、管内直径の6倍以上であること。ただし、屋内線のみ収容する場合は、JISに適合するノーマルベンドを使用してもよい。

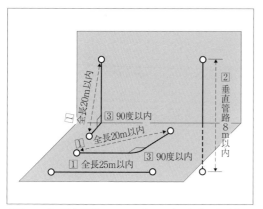

[図3-7-7] 屋内配管のこう長（ケーブル収容の場合）

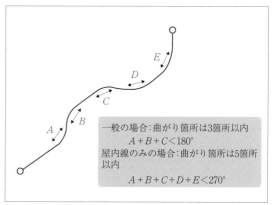

[図3-7-8] 屋内配管（曲がり箇所）

3.8 視聴覚設備

1 ホールの電灯配線

ホールの電灯配線の例を示す。

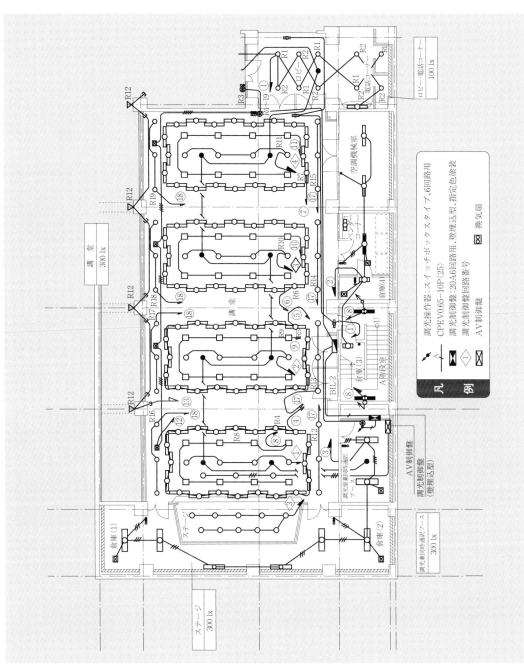

[図3-8-1] ホールの電灯配線図

2 ホールのAVシステム

ホールのAVシステムの例を示す。

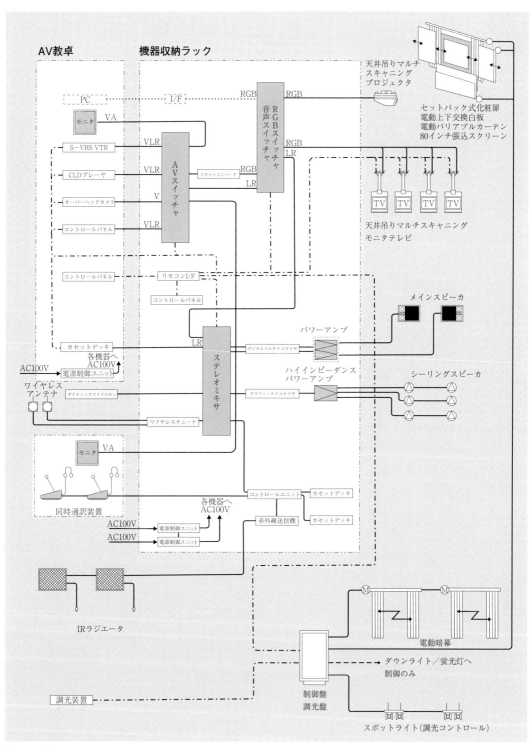

[図3-8-2] ホールのAVシステム図

178

3　ホールのAVシステム配線

ホールのAVシステム配線の例を示す。

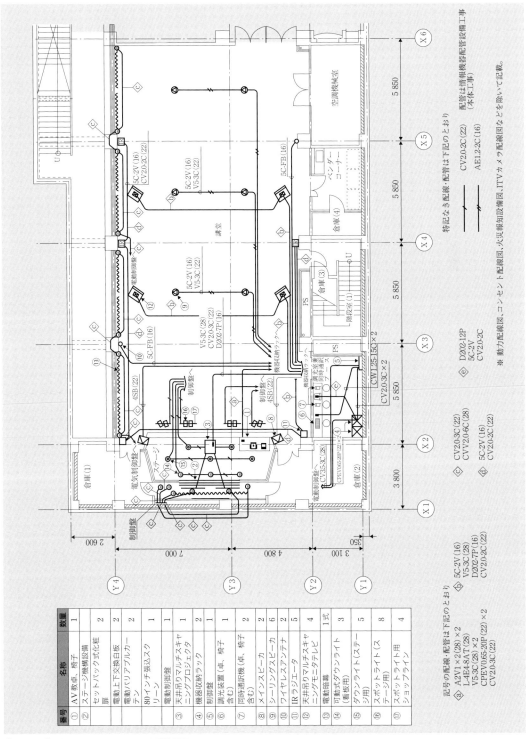

[図3-8-3]　ホールのAVシステム配線図

視聴覚室のAVシステムの例を示す。

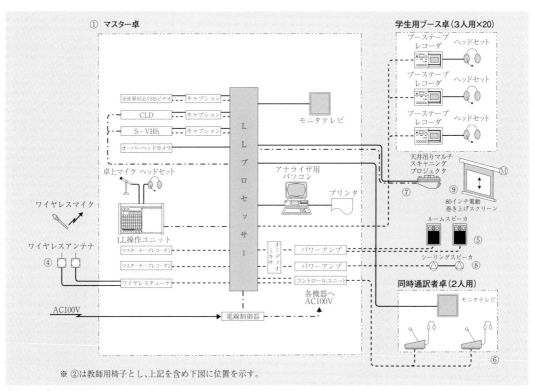

[図3-8-4] 視聴覚室のAVシステム図

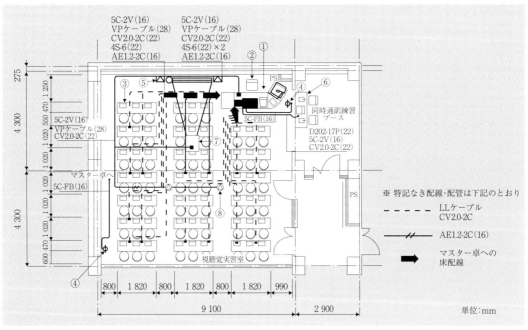

[図3-8-5] 視聴覚室のAVシステム配線図

3.9 テレビ共同受信設備

1 テレビ共同受信設備系統

テレビ共同受信には、屋上にアンテナを設備し受信する方式（**図3-9-1**）と、ケーブルテレビジョン（CATV）システム（**図3-9-2**）や双方向通信テレビ受信システムを利用する方式がある。

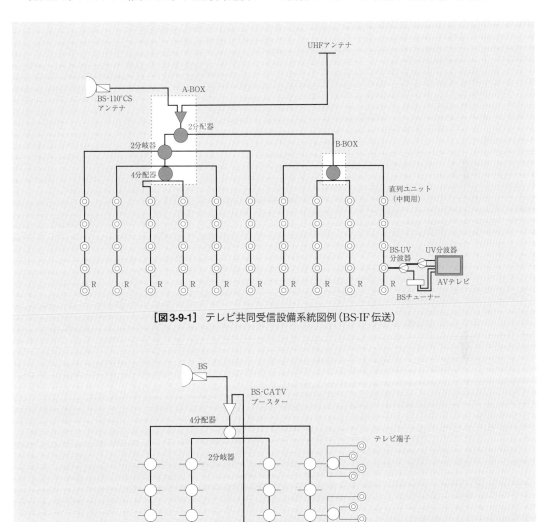

[図3-9-1] テレビ共同受信設備系統図例（BS-IF伝送）

[図3-9-2] テレビ共同受信設備系統図例（BS-IF・CATV混合伝送）

2 テレビアンテナの取付け

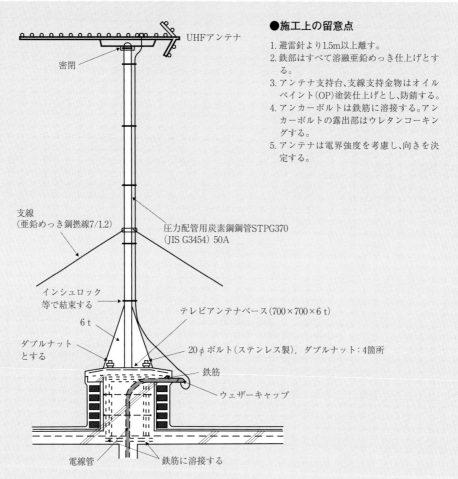

●施工上の留意点

1. 避雷針より1.5m以上離す。
2. 鉄部はすべて溶融亜鉛めっき仕上げとする。
3. アンテナ支持台，支線支持金物はオイルペイント(OP)塗装仕上げとし，防錆する。
4. アンカーボルトは鉄筋に溶接する。アンカーボルトの露出部はウレタンコーキングする。
5. アンテナは電界強度を考慮し，向きを決定する。

UHFアンテナ

密閉

支線
(亜鉛めっき鋼撚線7/1.2)

圧力配管用炭素鋼鋼管STPG370
(JIS G3454) 50A

インシュロック
等で結束する

6 t

テレビアンテナベース(700×700×6 t)

ダブルナット
とする

20φボルト(ステンレス製)，ダブルナット：4箇所

鉄筋

ウェザーキャップ

電線管

鉄筋に溶接する

[図3-9-3] テレビアンテナ取付図

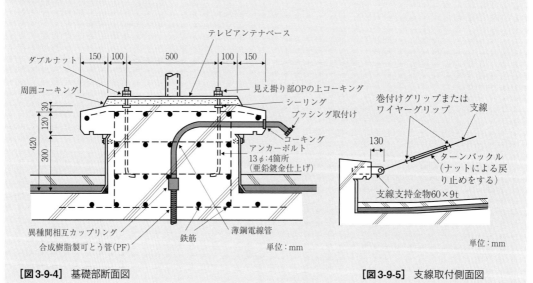

テレビアンテナベース

ダブルナット

周囲コーキング

見え掛け部OPの上コーキング

シーリング

ブッシング取付け

コーキング

アンカーボルト
13φ:4箇所
(亜鉛鍍金仕上げ)

異種間相互カップリング
合成樹脂製可とう管(PF)

鉄筋

薄鋼電線管

150 100 500 100 150

30
120
420
300

単位：mm

[図3-9-4] 基礎部断面図

巻付けグリップまたは
ワイヤーグリップ

支線

130

ターンバックル
(ナットによる戻り止めをする)

支線支持金物60×9t

単位：mm

[図3-9-5] 支線取付側面図

3.10 セキュリティ設備

1 自動火災報知設備の感知器の取付け

　自動火災報知設備の感知器の取付けは、日本火災報知機工業会の工事基準書に従って行う。**図3-10-1**はスポット型煙感知器の取付図であるが、熱感知器（差動式、定温式スポット型）の場合もこれにならう。感知器はメーカーによって若干異なるので、事前にカタログ等を参照し、取付方法を確認しておくこと。

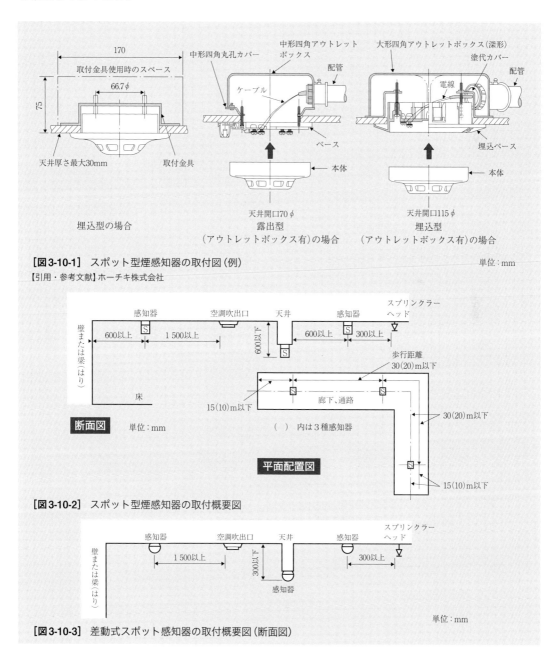

【図3-10-1】 スポット型煙感知器の取付図（例）
【引用・参考文献】ホーチキ株式会社

単位：mm

【図3-10-2】 スポット型煙感知器の取付概要図

【図3-10-3】 差動式スポット感知器の取付概要図（断面図）

2 光電式分離型煙感知器の取付け

光電式分離型煙感知器は、近年になってから用いられるようになった感知器である。取付けは消防法施行規則第二十三条第4項七の三に従って行う。

具体的な取付図例を**図3-10-4**、機器の外観を**図3-10-5**に示す。

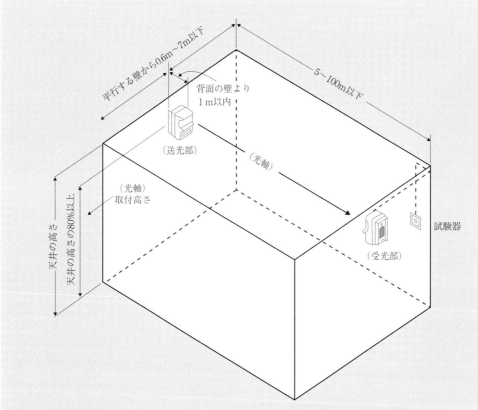

※ 試験器は、遠隔で光電式分離型煙感知器の機能試験を行うため、設置することを推奨する。

[図3-10-4] 光電式分離型煙感知器取付図
【引用・参考文献】ホーチキ株式会社
　火災報知設備機器　製品カタログ

高さ（床面から天井までの距離）	光電式分離型煙感知器	
	1種	2種
4m未満	公称監視距離 5m以上100m以下	
4m以上8m未満		
8m以上15m未満		
15m以上20m未満		×
20m以上	×	

※ ×印は使用不可

[表3-10-1] 取付対象物の天井の高さ

[図3-10-5] 光電式分離型煙感知器の送光部（左）と受光部（右）
【引用・参考文献】ホーチキ株式会社

3 防犯センサの取付け

（1） ガラス窓破壊侵入防止センサへの配管

窓枠の美観上、支障のない箇所に中浅四角アウトレットボックスを取り付け、リード線によって配線する。

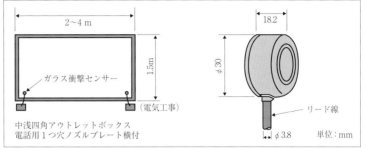

［**図3-10-6**］　ガラス窓破壊侵入防止センサへの配管

（2） 赤外線式センサ、超音波センサへの配管

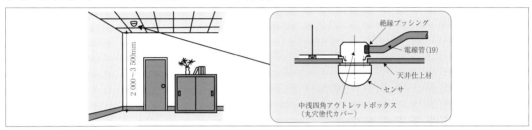

［**図3-10-7**］　赤外線式センサ、超音波センサへの配管

（3） 扉の開放表示用センサの取付け

リードスイッチを扉の枠に組み込み、電線管を用いて配線する。

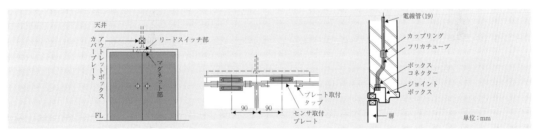

［**図3-10-8**］　扉の開放表示用センサの取付け

（4） 窓の開放表示センサの取付け

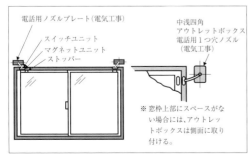

［**図3-10-9**］　窓の開放表示用センサの取付け

（5） 施工上の注意点

・ 扉、窓枠センサを取り付ける場合、美観上および機能上、**図3-10-9**のように体裁よく納める。配管、配線はできるだけ露出しないこと。

・ 建築工事に伴う施工の場合、サッシュメーカーと事前に相談し、配線工事がしやすいように扉、窓枠を製作してもらう。

・ マグネットスイッチの近くに磁性体（鉄枠）がないことを確認しておく。

3.11 避雷設備

1 避雷設備の各部詳細

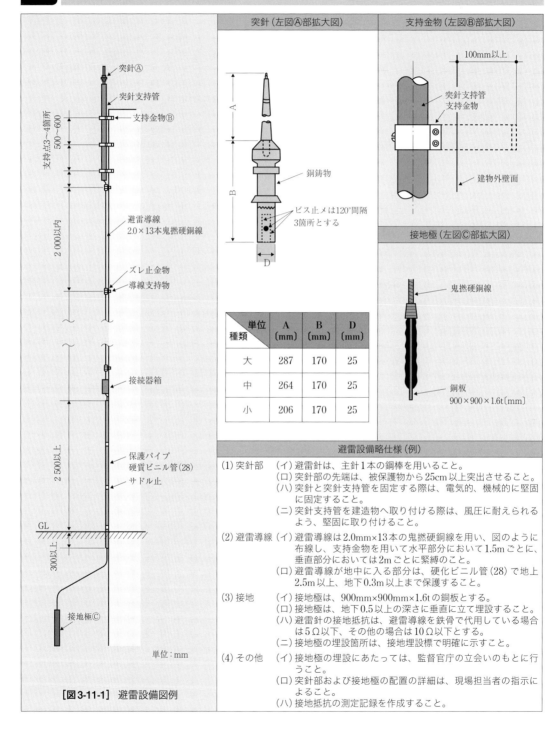

突針（左図Ⓐ部拡大図）

支持金物（左図Ⓑ部拡大図）

100mm以上

突針支持管
支持金物

建物外壁面

銅鋳物

ビス止メは120°間隔
3箇所とする

接地極（左図Ⓒ部拡大図）

鬼撚硬銅線

銅板
900×900×1.6t〔mm〕

単位 種類	A (mm)	B (mm)	D (mm)
大	287	170	25
中	264	170	25
小	206	170	25

突針Ⓐ

突針支持管

支持金物Ⓑ

支持点3～4箇所
500～600

避雷導線
2.0×13本鬼撚硬銅線

2 000以内

ズレ止金物
導線支持物

接続器箱

保護パイプ
硬質ビニル管(28)
サドル止

2 500以上

GL

300以上

接地極Ⓒ

単位：mm

［図3-11-1］避雷設備図例

避雷設備略仕様（例）

(1) 突針部　（イ）避雷針は、主針1本の鋼棒を用いること。
　　　　　　（ロ）突針部の先端は、被保護物から25cm以上突出させること。
　　　　　　（ハ）突針と突針支持管を固定する際は、電気的、機械的に堅固に固定すること。
　　　　　　（ニ）突針支持管を建造物へ取り付ける際は、風圧に耐えられるよう、堅固に取り付けること。

(2) 避雷導線（イ）避雷導線は2.0mm×13本の鬼撚硬銅線を用い、図のように布線し、支持金物を用いて水平部分において1.5mごとに、垂直部分においては2mごとに緊縛のこと。
　　　　　　（ロ）避雷導線が地中に入る部分は、硬化ビニル管(28)で地上2.5m以上、地下0.3m以上まで保護すること。

(3) 接地　　（イ）接地極は、900mm×900mm×1.6tの銅板とする。
　　　　　　（ロ）接地極は、地下0.5以上の深さに垂直に立て埋設すること。
　　　　　　（ハ）避雷針の接地抵抗は、避雷導線を鉄骨で代用している場合は5Ω以下、その他の場合は10Ω以下とする。
　　　　　　（ニ）接地極の埋設箇所は、接地埋設標で明確に示すこと。

(4) その他　（イ）接地極の埋設にあたっては、監督官庁の立会いのもとに行うこと。
　　　　　　（ロ）突針部および接地極の配置の詳細は、現場担当者の指示によること。
　　　　　　（ハ）接地抵抗の測定記録を作成すること。

2 自立型の避雷突針支持管の取付け

図3-11-2は自立型の避雷突針支持管の取付例である。この場合、プレート台座の周囲およびボルト回りはコーキングを施す。コーキング材としてはシリコン樹脂を用いるとよい。地上からの高さH〔m〕により部材が異なる。

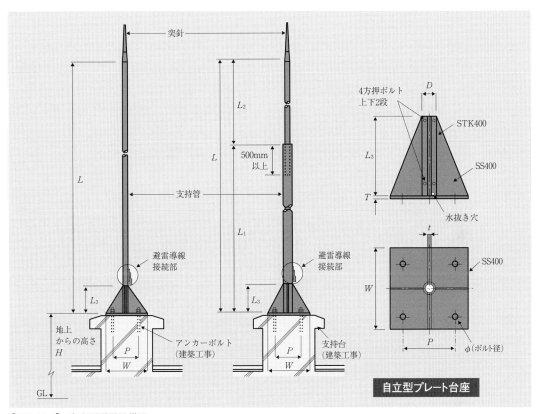

[図3-11-2] 自立型避雷設備図

【引用・参考文献】都市再生機構「電気設備標準詳細設計図集（12版）」EC-121-2

[表3-11-1] 部材の仕様

単位：mm

型	高さ	符号	鋼管サイズ			自立型プレート台座（寸法は最低値を示す）						
			L	L_1	L_2	L_3	D	W	P	T	t	ϕ
自立型	35m以下	イ	4 000	$60.5^{\Phi}\times3.2^{t}\times4\,000$	–	500	76.3	500	350	9	6	12
		ロ	5 000	$60.5^{\Phi}\times3.2^{t}\times5\,000$	–	500	76.3	500	350	9	6	12
		ハ	6 000	$76.3^{\Phi}\times4.2^{t}\times5\,500$	$48.6^{\Phi}\times3.2^{t}\times500$	500	89.1	500	350	9	6	12
		ニ	7 000	$89.1^{\Phi}\times4.2^{t}\times5\,500$	$60.5^{\Phi}\times3.2^{t}\times1\,500$	500	101.6	500	350	12	9	16
		ホ	8 000	$101.6^{\Phi}\times4.2^{t}\times5\,500$	$76.3^{\Phi}\times4.2^{t}\times2\,500$	500	114.3	500	350	12	9	16
	50m以下	ト	5 000	$76.3^{\Phi}\times4.2^{t}\times5\,000$	–	500	89.1	500	350	9	6	12
		チ	6 000	$89.1^{\Phi}\times4.2^{t}\times5\,500$	$60.5^{\Phi}\times3.2^{t}\times500$	500	101.6	500	350	12	9	16
		リ	7 000	$101.6^{\Phi}\times4.2^{t}\times5\,500$	$76.3^{\Phi}\times4.2^{t}\times1\,500$	500	114.3	500	350	12	9	16
		ヌ	8 000	$114.3^{\Phi}\times4.5^{t}\times5\,500$	$76.3^{\Phi}\times4.2^{t}\times2\,500$	500	127.0	500	350	12	9	16

※1：支持管の材質は一般構造用炭素鋼鋼管（JIS G 3444）STK400とし、管相互の接続および管と突針との接続はメーカーの標準工法により堅固に行う。

※2：各部の詳細はJIS A 4201および同解説による。

※3：鉄部はすべて都市再生機構の工事共通仕様書による亜鉛めっきを施したものとする。

【引用・参考文献】都市再生機構「電気設備標準詳細設計図集（12版）」EC-121-2

3 避雷設備の接地極の取付け

　接地極の埋設は、できるだけ建物基礎の外側に行うことが望ましい。周囲の地下水、土壌等の変化により接地抵抗値が異常に高くなった場合に、接地工事の改修が必要となるためである。しかし、敷地内にそのような埋設スペースがない場合は、接地極および避雷導線を基礎部分の下部に埋設しなければならない（**図3-11-3**）。

　接地抵抗の測定に必要な接続箱は、外壁に面する柱や壁に埋込むと漏水の原因となるので避ける。機械式継手を用いる場合および高強度鉄筋へ鉄板を溶接する場合は、構造設計者に相談しておく。

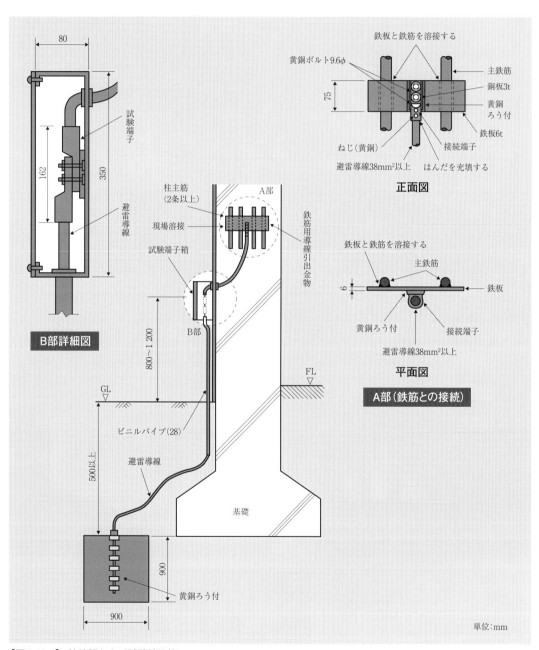

［図3-11-3］ 接地極および試験端子箱

検査等に用いる各種書類・図の例

公式な受電検査がスムーズに行われるように、工事の完了前に自主的な検査を行う。また、その検査において発見した不具合には直ちに適正な処置を行って安全と品質の確保を図る。以下、自主検査・公式検査に供する各種試験成績書を、実際の例を用いて紹介する。

1 自家用電気工作物試験成績書および成績判定基準

(1) 自家用電気工作物試験成績書

年　　月　　日

自家用電気工作物試験成績書

施設名称 _____　　施　設　者 _____

施設場所 _____　　主任技術者 _____

立会者	経済産業局		施設関係者	
	消防署		施工関係者	
	____電力			

施設概要

業　　　　種		用　　　途		受電用遮断器または電力ヒューズ	VCB		〔kV〕		〔kV〕
敷 地 面 積	〔m²〕	延 べ 面 積	〔m²〕		〔kA〕〔MVA〕	〔A〕	〔kA〕〔MVA〕		〔A〕
建 築 面 積	〔m²〕	階　　　数	／　／		〔台〕		〔台〕		
契 約 電 力	〔kW〕	受 電 電 圧	〔kV〕	分岐用遮断器または電力ヒューズおよび保護継電器					
周 波 数	〔Hz〕								
発 電 設 備	φ	〔V〕 〔kVA〕	〔台〕						
蓄電池設備	遮断器投入用	非常照明用	兼用						
変　圧　器	φ	〔V〕 〔kVA〕	〔台〕						
	φ	〔V〕 〔kVA〕	〔台〕						
	φ	〔V〕 〔kVA〕	〔台〕						
	φ	〔V〕 〔kVA〕	〔台〕	進相コンデンサ	〔kV〕		〔kVar〕		〔台〕
	φ	〔V〕 〔kVA〕	〔台〕		〔kV〕		〔kVar〕		〔台〕

(2) 試験成績判定基準

自家用、一般用電気工作物等の現場試験成績書のデータは、下表を参考に良否を判定する。

接地抵抗試験		絶縁抵抗試験		絶縁耐力試験		照度測定
A種	10Ω以下	100V	0.1MΩ以上	機器	→ 回路図は p.191 を参照	p.11、p.196参照。設計計算書およびJISの照度基準による。
B種	5Ω未満※	200V	0.2MΩ以上			
C種	10Ω以下	400V	0.4MΩ以上	6kV用変圧器	10分間印加して異常がないこと。	
D種	100Ω以下					

※「電気設備の技術基準の解釈」の計算値による。5Ω未満であれば計算の必要はない。

189

2 接地抵抗試験・絶縁抵抗試験

(1) 接地抵抗試験成績表 (記入例)

接地抵抗試験成績表	公式 立会者 _____ 測定者 _____ 自主 立会者 _____ 測定者 _____			年 月 日( ) 年 月 日( )	
区分	種別	場所および用途	接地抵抗値 (Ω)	判定	備考
	E_A	No.1 受変電設備用	4.5		
	E_B	No.2 受変電設備用	3.5		
	E_D	No.3 強電用	6.5		
	E_A	No.4 電話用	4.8		
	E_A	No.5 弱電用	4.8		
	E_A	No.6 予備	6.0		
	E_A	避雷設備用 1	4.5		
	E_A	避雷設備用 2	4.5		

測定計器

名称	定格	型式	製造者	製造番号	製造年月	備考
接地抵抗測定器	10/100/1 000Ω	BN-303V	○○電器産業	No.05873	2011	

(2) 絶縁抵抗試験成績表 (記入例)

絶縁抵抗試験成績表		公式 立会者 _____ 測定者 _____ 自主 立会者 _____ 測定者 _____								年 月 日( ) 年 月 日( )	
区分	種別	測定値 (MΩ)								判定	備考
		R-大地	S-大地	T-大地	一括大地	R-S	S-T	T-R	耐力後一括大地		
キュービクル	一括	2 000	2 000	2 000		2 000	2 000	2 000			

測定計器

品名	電圧 (V)	計器有効目盛 (MΩ)	型式	製造者	製造番号	製造年月	備考
自動メガ	1 000	2 000	3213	××電機	1746	2013	

190

3 絶縁耐力試験の回路と測定計器

(1) 絶縁耐力試験および継電器試験結線図（水抵抗器の場合）記入例

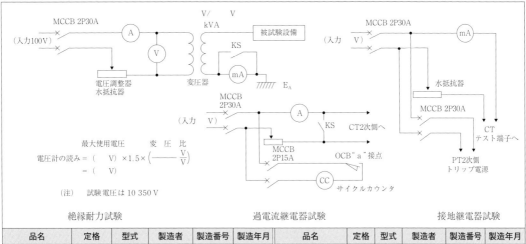

最大使用電圧　　変　圧　比

$$電圧計の読み = (\quad V) \times 1.5 \times \left(\frac{V}{V}\right)$$
$$= (\quad V)$$

（注）　試験電圧は 10 350 V

| 絶縁耐力試験 | | | | | | 過電流継電器試験 | | | | | | 接地継電器試験 | | | | | |
品名	定格	型式	製造者	製造番号	製造年月	品名	定格	型式	製造者	製造番号	製造年月
接地抵抗測定器		3207	△△		2012	電圧計			○○計器		
絶縁抵抗測定器		3213	〃		2003	サイクルカウンタ			〃		
電圧調整器	3kVA	1P·R3	□□電機	572081	2013						
変圧器	15 000V	〃	〃	571279	2013						
電流計			○○計器								
電流計			〃								
記録者	××電気（株）　　山田　太郎										

※ 最大使用電圧は、配電標準電圧が6 600Vの場合、1.15/1.1倍の6 900Vを用いる。

(2) 絶縁耐力試験および継電器試験結線図（スライダックの場合）記入例

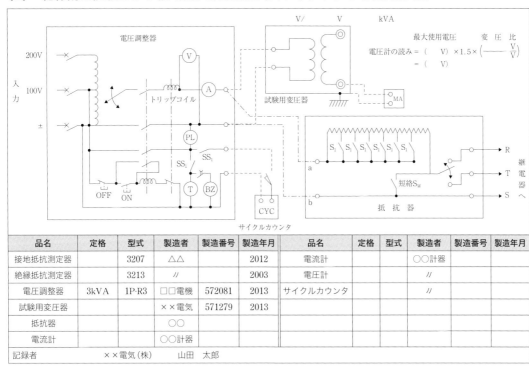

最大使用電圧　　変　圧　比

$$電圧計の読み = (\quad V) \times 1.5 \times \left(\frac{V}{V}\right)$$
$$= (\quad V)$$

品名	定格	型式	製造者	製造番号	製造年月	品名	定格	型式	製造者	製造番号	製造年月
接地抵抗測定器		3207	△△		2012	電流計			○○計器		
絶縁抵抗測定器		3213	〃		2003	電圧計			〃		
電圧調整器	3kVA	1P·R3	□□電機	572081	2013	サイクルカウンタ			〃		
試験用変圧器			××電気	571279	2013						
抵抗器			○○								
電流計			○○計器								
記録者	××電気（株）　　山田　太郎										

4 継電器の動作試験回路

(1) 過電流継電器試験回路および測定計器

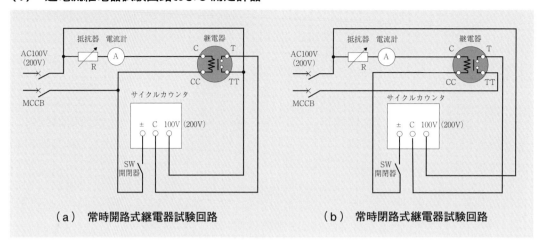

（a） 常時開路式継電器試験回路　　　　　（b） 常時閉路式継電器試験回路

(2) 過・不足電圧継電器試験回路および測定計器

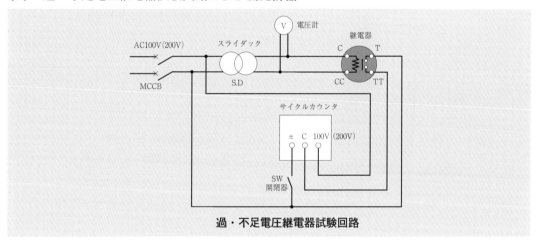

過・不足電圧継電器試験回路

(3) 地絡継電器試験回路および測定計器

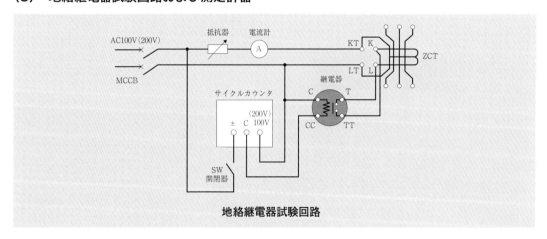

地絡継電器試験回路

(1) 絶縁耐力試験成績表 (記入例)

| 絶縁耐力試験成績表 | 公式 立会者＿＿＿＿＿ 測定者＿＿＿＿＿ 年 月 日( ) 温度 ℃ 湿度 % |
| | 自主 立会者＿＿＿＿＿ 測定者＿＿＿＿＿ 年 月 日( ) 温度 ℃ 湿度 % |

区分	測定範囲	一次電圧(V)	一次電流(A)	試験電圧(V)	二次電流(mA)	試験時間(分)	絶縁抵抗値(MΩ) 試験前	試験後	判定	備考
キュービクル	一括									最大使用電圧 6 900V
		103.5	8.6	10 350	92	10			良	

記録者　　　××電気(株)　　山田　太郎

(2) 継電器試験成績表 (記入例)

| 継電器試験成績表 | 公式 立会者＿＿＿＿＿ 測定者＿＿＿＿＿ 年 月 日( ) 温度 ℃ 湿度 % |
| | 自主 立会者＿＿＿＿＿ 測定者＿＿＿＿＿ 年 月 日( ) 温度 ℃ 湿度 % |

区分	品名	位置	製造者	製造番号	製造年月日	整定値 タップ	レバー	動作特性値(A)(V)	限時特性(秒) 200(%)	500(%)	(%)	(%)	瞬時動作	判定
受電用	過電流(OCR)	左	○○	74476 C		4	3							
								3.9A	8A/4.18	20A/1.82			20A 0.05	
〃	〃	右	〃	74481 C		4	3							
								3.9A	8A/4.22	20A/1.82			20A 0.04	
受電用	地絡(OCGR)		○○	75167 D		0.1A 0.2A								
								0.099A 0.2A						
〃	〃		〃	〃		0.4A 0.6A								
								0.4A 0.8A						

記録者　　　××電気(株)　　山田　太郎

受変電設備に関する機器の銘板を控えておくべきであり、その記入例を (1) ～ (3) に示す。

(1) 変圧器および静止機器銘板表 (記入例)

設置場所	用途	品名	型式	製造者	製造番号	製造年月	容量(kVA)(kVar)	相	周波数(Hz)	一次電圧(kV)	二次電圧(V)	一次電流(A)	二次電流(A)	インピーダンス電圧(%)
屋上キュービクル	動力	変圧器	油入自冷	○○	83020773	2015	300	3	50	6.6	210		825	3.01
〃	電灯	〃	〃	〃	83020666	2015	75	1	50	6.6	210/105		357	2.22
〃	〃	〃	〃	〃	83023693	2015	50	1	50	6.6	210/105		246	2.25
屋上キュービクル	進相コンデンサ用直列リアクトル	油入自冷	○○		83009130	2015	3	3	50	6.6		4.37		
〃	高圧進相コンデンサ	HI56A	〃		83503239	2015	50	3	50	6.6		4.37		
記録者	××電気(株) 山田 太郎													

(2) 遮断器および開閉器銘板表 (記入例)

設置場所	用途	品名	型式	製造者	製造番号	製造年月	定格電圧(kV)	定格電流(A)	相	周波数(Hz)	定格遮断容量(kA)	定格投入電流(A)	定格短絡時電流(A)	標準動作責務	定格開極時間(s)	定格操作電圧(V)
屋上キュービクル	受電用	VCB	ABYZ	○○	3R091	2015	7.2	100	3	50	12.5					
〃	コンデンサ用	VCS	CD	○○	IA41C701	2015	7.2	200	3	50						
〃	動力用	電力ヒューズ	FG	○○			7.2	50	3	50	40					
〃	〃	〃	〃	〃			〃	〃	〃	〃	〃					
〃	電灯用 (1)	電力ヒューズ	FG	○○			7.2	30	1	50	40					
〃	〃	〃	〃	〃			〃	〃	〃	〃	〃					
〃	電灯用 (2)	電力ヒューズ	FG	○○			7.2	30	1	50	40					
〃	〃	〃	〃	〃			〃	〃	〃	〃	〃					
〃	コンデンサ用	電力ヒューズ	FG	○○			7.2	10	3	50	40					
〃	〃	〃	〃	〃			〃	〃	〃	〃	〃					
〃	〃	〃	〃	〃			〃	〃	〃	〃	〃					
記録者	××電気(株) 山田 太郎															

(3) 計器用変成器銘板表 (記入例)

設置場所	用途	品名	型式	製造者	製造番号	製造年月	電圧(V)	定格負荷(VA)	変成比	誤差(%)	相	周波数(Hz)	過電流定数	過電流強度
屋上キュービクル	本線受電用	計器用変流器 (CT)	CD	○○	0328	2015	6 900	40	50/5					
〃	〃	〃	〃	〃	0326	2015	〃	〃	〃					
屋上キュービクル	本線受電用	計器用変圧器 (VT)	PD	○○	55298	2015	6 900	100	6 600/110					
〃	〃	〃	〃	〃	55311	2015	〃	〃	〃					
記録者	××電気(株) 山田 太郎													

7　動力機器の絶縁抵抗試験

（1）　動力機器の絶縁抵抗測定表（記入例）

機器絶縁抵抗測定表	公式 自主	立会者 _____ 立会者 _____	測定者 _____ 測定者 _____				年　　月　　日（　） 年　　月　　日（　）	

設置場所	用途	品名	電圧（V）	容量（kW）	製造者	製造番号	絶縁抵抗（MΩ） 一括大地間
B1F機械室	B1Fパッケージ	コンプレッサー他	200	27.78	○○重工	722880087	100
〃	揚水ポンプNo.1	モータ	200	2.2	××	24002666R	100
〃	〃　　No.2	〃	〃	2.2	〃	10201176	100
〃	汚水ポンプNo.1	モータ	200	0.75	△△△	50DSA-DSJ	100
〃	〃　　No.2	〃	〃	0.75	〃		100
〃	湧水ポンプNo.1	モータ	200	0.75	〃	50DS575T	100
〃	〃　　No.2	〃	〃	0.75	〃		100
〃	シャッター	モータ	200	0.4×4 0.15×3	○○	-	一括100
〃	排煙ファン	モータ	200	3.7	××	30343363	100
〃	給気ファン	モータ	200	2.2	××	20618722	100
B1F厨房	排気ファン	モータ	200	3.7	〃		100

測定計器

品名	電圧（V）	計器定格 （MΩ）	型式	製造者	製造番号	製造年月
自動メガ	500	100	3207	○△□	0144	2016

（2）　電動機の絶縁抵抗と動力回路等の絶縁抵抗の測定

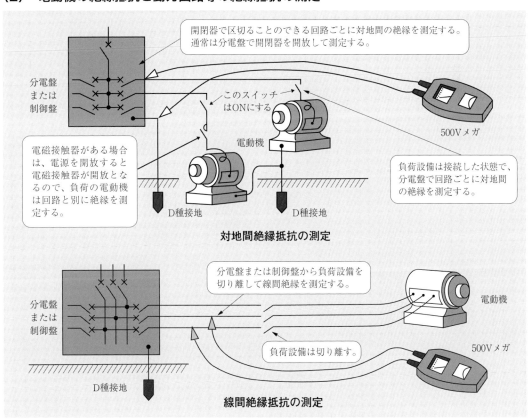

対地間絶縁抵抗の測定

線間絶縁抵抗の測定

195

8 分電盤の試験・照度測定

(1) 電灯コンセント用分電盤の試験成績表 (記入例)

電灯コンセント絶縁抵抗試験成績表						
分電盤名称 ___1L___						

公式　立会者 _____　測定者 _____　年　　月　　日（　）
自主　立会者 _____　測定者 _____　年　　月　　日（　）

負荷内容	判定	計口数	絶縁抵抗値（MΩ）		番号	結線図　　3P 100A	番号	絶縁抵抗値（MΩ）		計口数	判定	負荷内容
			一括アース間	線間				線間	一括アース間			
F40W3-10台			100		①		②		15			F40W3-14台
コピー用コンセント			100		③		④		-			予備
排気ファン			100		⑤		⑥	100	100			コンセント
コンセント			100	100	⑦		⑧		-			予備
〃			100	100	⑨		⑩	100	100			コンセント
〃			100	100	⑪		⑫	100	100			〃
〃			100	100	⑬		⑭	100	100			〃
〃			100	100	⑮		⑯	100	100			〃
						N S						

測定計器

品名	電圧（V）	計器有効目盛（MΩ）	型式	製造者	製造番号	製造年月	備考
自動メガ	500	100	3207	○△□	0144	2006	

※ ◎は200V回路、○は100V回路を示す。

(2) 照度測定成績表

照度測定成績表											

公式　立会者 _____　測定者 _____　年　　月　　日（　）
自主　立会者 _____　測定者 _____　年　　月　　日（　）

階	室名	設計器具番号	型式	測定高さ（cm）	測定照度（lx）				判定	備考
					（　）	（　）	（　）	（　）		

測定計器

品名	型式	製造者	製造番号	製造年月	備考

※ 照度測定は JIS C 7612 による。

付録 2　電気用図記号

　電気設備の設計、施工、管理に用いられる図面のシンボルは、標準的なものでなければその役割を十分に果たすことはできない。しかし、図面の作成時期によるシンボルの違いも認識していなければ、その理解は困難となる。下表に今後用いられるべき図記号 JIS C 0617 と旧 JIS C 0301 および文字記号 JIS C 0401 を並べて示したので、参考されたい。

　JSIA（日本配電制御システム工業会規格）による標準図記号および文字記号も併記している。また、文字記号欄の（　）は JEM1115（日本電機工業会規格）に規定されているものであり、［　］は JSIA の案である。

1　受変電設備

名称	図記号			文字記号 JIS／（JEM）／［JSIA］
	JIS C 0617	JSIA	旧図記号	
高圧引込用負荷開閉器 （地絡保護装置付き）				負荷開閉器の種類を表す場合は、次の文字記号を記入する。 PAS：気中　PGS：ガス PVS：真空　UGS：ガス 特に方向性を表す場合は、（DG）を付記する。
ケーブルヘッド				CH
計器用変圧変流器 （計器用変成器）		VCT	PCT	電力需給用計器用変成器ともいう。
断路器				DS
断路形ヒューズ				(FDS)
遮断器				遮断器の種類を表す場合は、次の文字記号を記入する。 VCB：真空 GCB：ガス ACB：気中
遮断器 （引出し形）				
高圧交流負荷開閉器 （屋内用） ヒューズなし				(LBS)
高圧交流負荷開閉器 （屋内用） ヒューズ付き				
負荷開閉器 （屋外用）				負荷開閉器の種類を表す場合は、次の文字記号を記入する。 AS：気中　GS：ガス　VS：真空
電力ヒューズ				PF
高圧カットアウト （ヒューズ付き）				(PC)

名称				
避雷器	(図記号)	(図記号)	(図記号)	[LA]
断路形避雷器		(図記号)	(図記号)	
高圧電磁接触器	(図記号)	(図記号)	(図記号)	電磁接触器の種類を表す場合は、次の文字記号を記入する。 VMC：真空　AMC：気中
直列リアクトル	(図記号)	(図記号)	(図記号)	(SRX)
電力用コンデンサ	(図記号)	(図記号)	(図記号)	(SC)

2 変圧器等

名称	図記号			文字記号 JIS／(JEM)／[JSIA]
	JIS C 0617	JSIA	旧図記号	
単相変圧器 （単相3線の例）	(図記号)	(図記号)	(図記号)	T
三相変圧器 （Y-△結線の例）	(図記号)	(図記号)	(図記号)	
スコット結線変圧器		(図記号)	(図記号)	
遮へい付変圧器	(図記号)	(図記号)	(図記号)	
配線用遮断器	(図記号)	(図記号)	(図記号)	MCCB 電動機保護用を表す場合 [MMCB]
漏電遮断器		(図記号)	(図記号)	(ELCB) 電動機保護用をを表す場合 [MELB]
双投形電磁接触器		(図記号)	(図記号)	[DTMC]
電磁開閉器		(図記号)	(図記号)	(MS)
電磁接触器	(図記号)	(図記号)	(図記号)	MC
直列リアクトル	(図記号)	(図記号)	(図記号)	[L]
制御用インバータ		［ＩＮＶ］	［ＩＮＶ］	(INV)
計器用変圧器	(図記号)	(図記号)	(図記号)	(VT)

198

計器用変流器				CT	左：単線図用 右：複線図用
零相基準入力装置				(ZPD)	
零相変流器				ZCT	左：単線図用 右：複線図用

3 計器類

名称	図記号			文字記号 JIS／(JEM)／[JSIA]
	JIS C 0617	JSIA	旧図記号	
電圧計	V	V	V	V
電流計	A	A	A	A
電力計	W	W	W	W
周波数計	Hz	Hz	F	F
力率計	cosφ	cosφ	PF	PF
電力量計	Wh	Wh	Wh	WH
検定付き電力量計		Wh	Wh	
電圧計切換スイッチ		⊕	⊕	VS
電流計切換スイッチ	（ハンドル操作）			AS
試験用電圧端子	(a) (b) (c)			(VTT)
試験用電流端子				(CTT)
過電圧継電器		U＞	O V	OVR
不足電圧継電器	U＜	U＜	U V	UVR
過電流継電器	I＞	I＞	O C	OCR
地絡過電圧継電器		U⏚＜	OVG	(OVGR)

名称	JIS C 0617	JSIA	旧図記号	文字記号 JIS／(JEM)／[JSIA]
地絡方向継電器		I≥	DG	(DGR)
地絡過電流継電器	I↟>	I↟>	OCG	(OCGR)
自動力率制御装置		APFC	55	[APFC]
漏電継電器		EL	LG	(ELR)
熱動形過負荷継電器	⊐	⊐	Th	THR
限時形過電流継電器	t	t	T	TLR
タイムスイッチ		TS	TS	[TS]
自動交互継電器		ALT	10	(ALTR)
補助継電器				(AXR)

4 動力用制御盤

名称	図記号			文字記号 JIS／(JEM)／[JSIA]
	JIS C 0617	JSIA	旧図記号	
電動機	M	M	M	M
ヒータ		H	H	H
電磁弁		SV	SV	SV
電動弁		MV	MV	(MOV)
表示灯	（1）⊗ RD－赤 BU－青 YE－黄 WH－白 GM－緑 （2）○ 例 RL －赤 　 OL －黄赤 　 YL －黄 　 GL －緑 　 BL －青 　 WL－白	○ 例 RL －赤 　 OL －黄赤 　 YL －黄 　 GL －緑 　 BL －青 　 WL－白	W W ---白 R ---赤 G ---緑 Y ---黄 O ---黄赤	SL

名称		図記号			文字記号 JIS／(JEM)／[JSIA]
		JIS C 0617	JSIA	旧図記号	
ベル				(BEL)	BL
ブザー				(BZ)	BZ
操作用変圧器					T
サーキットプロテクタ					(CBE)
ヒューズ					F
警報ヒューズ					[AF]
接地					接地の種別を表す場合は下記を傍記する。 E_A：A種（旧第1種） E_B：B種（旧第2種） E_C：C種（旧特別第3種） E_D：D種（旧第3種）
開閉器・スイッチ					S
ボタンスイッチ（押し）	メーク接点（a接点）				BS
	ブレーク接点（b接点）				
手動操作残留接点	メーク接点（a接点）				操作スイッチの残留接点などに用いる。
	ブレーク接点（b接点）				
切換スイッチ					COS
接点（基本）	メーク接点（a接点）				
	ブレーク接点（b接点）				
	切換え接点（c接点）		（1）　（2）	（1）　（2）	
手動復帰接点	メーク接点（a接点）				
	ブレーク接点（b接点）				

201

名称		図記号			文字記号
		JIS C 0617	JSIA	旧図記号	JIS／(JEM)／[JSIA]
限時動作接点（オンディレー）	メーク接点（a接点）				
	ブレーク接点（b接点）				
限時復帰接点（オフディレー）	メーク接点（a接点）				
	ブレーク接点（b接点）				
給水または排水用液面継電器			WL0		(WLR)
空転防止または高架水槽減水警報付給水用液面継電器			WL1		
満水警報付排水用液面継電器			WL2		
満減水警報付給水または排水用液面継電器			WL3		
受水槽空転防止付満減水警報および高架水槽満減水警報付給水用液面継電器			WL4		
警報用液面継電器			WL5		
電極棒			LF		[LF] 極数を表示する場合、LFの後に数字を付記する。 例：LF3
リモコンブレーカ					[RMCB]
リモコン漏電ブレーカ					[RELB]
コンタクタブレーカ					[CMCB]
ニュートラルスイッチ			N　S		[NS]
リモコンリレー			▲	▲	(RRY)
リモコントランス			R T	R T	[RT]
リモコンスイッチ			RSW	●^R	(RSW)

索 引

〈編者略歴〉

田 尻 陸 夫 （たじり　くがお）

昭和 12 年 10 月東京に生まれる
日本大学理工学部電気工学科卒業
技術士（電気電子部門）、電気主任技術者、建築士、
一級電気工事施工管理技士、第一種電気工事士
平成 9 年 10 月　大成建設株式会社設備設計部長退職
平成 20 年 3 月　工学院大学「建築電気設備」非常勤講師退任
現在　住環境設計事務所所長
著書　マンガで学ぶ「建築電気設備入門」（井上書院）
　　　最新建築設備工学（井上書院、共著）

- 本書の内容に関する質問は、オーム社ホームページの「サポート」から、「お問合せ」の「書籍に関するお問合せ」をご参照いただくか、または書状にてオーム社編集局宛にお願いします。お受けできる質問は本書で紹介した内容に限らせていただきます。なお、電話での質問にはお答えできませんので、あらかじめご了承ください。
- 万一、落丁・乱丁の場合は、送料当社負担でお取替えいたします。当社販売課宛にお送りください。
- 本書の一部の複写複製を希望される場合は、本書扉裏を参照してください。

JCOPY ＜出版者著作権管理機構 委託出版物＞

絵とき 電気設備の設計・施工実務早わかり（改訂 2 版）

1998 年 2 月 20 日	第 1 版第 1 刷発行
2020 年 7 月 17 日	改訂 2 版第 1 刷発行
2024 年 8 月 10 日	改訂 2 版第 6 刷発行

編　　者　田 尻 陸 夫
発 行 者　村 上 和 夫
発 行 所　株式会社 オーム社
　　　　　郵便番号　101-8460
　　　　　東京都千代田区神田錦町 3-1
　　　　　電話　03(3233)0641(代表)
　　　　　URL　https://www.ohmsha.co.jp/

© 田尻陸夫 2020

組版　BUCH⁺　印刷・製本　三美印刷
ISBN978-4-274-22569-7　Printed in Japan

本書の感想募集　https://www.ohmsha.co.jp/kansou/
本書をお読みになった感想を上記サイトまでお寄せください。
お寄せいただいた方には、抽選でプレゼントを差し上げます。